DESCRIPTIONS

DE QUELQUES

INSTRUMENTS MÉTÉOROLOGIQUES

ET

MAGNÉTIQUES,

PAR

FRANCIS RONALDS, Esq.,

Membre de la Société Royale de Londres,
Ancien Directeur de l'Observatoire Royal de Kew.

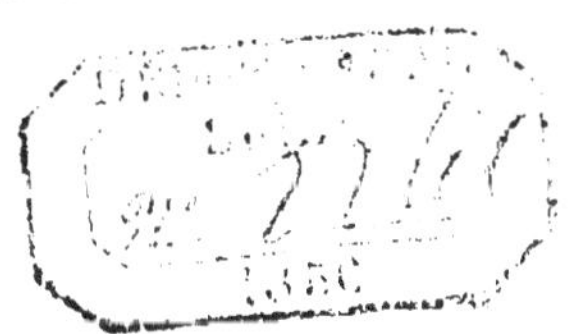

PARIS

(IMPRIMÉ POUR L'AUTEUR.)

IMPRIMERIE FRANÇAISE ET ANGLAISE DE E. BRIÈRE ET Cie,
RUE SAINTE-ANNE, 55.

1855.

AVIS.

Ce petit Recueil est composé, principalement, de plusieurs descriptions et notices disséminées dans mes Rapports annuels concernant l'Observatoire de Kew, présentés à "l'Association Britannique pour l'avancement des sciences," et imprimés dans les "Reports" de cette société pour 1844 jusqu'à 1851 inclusivement.

Les Appareils décrits sont :

Une paire d'Electromètres de Volta, améliorés.

Un Electroscope de Bennet, amélioré et avec addition.

Un Observatoire électrique portatif.

Un appareil placé à l'air libre pour l'isolement électrique.

Un Photo-Electrographe.

Un Magnétographe à déclinaison et force-horizontale.

Un Magnétographe à force-verticale.

Un Photo-Barographe et un Photo-Thermographe.

Un Hygromètre et Aspirateur de Regnault, améliorés.

Un Vapeur mètre.

Quelques appareils accessoires des instruments.

(Quelques-uns de ces instruments et, de plus, un petit modèle en bois, d'un Observatoire électrique, se trouvent à l'Exposition universelle.)

DESCRIPTION

D'UNE PAIRE

D'ÉLECTROMÈTRES DE VOLTA

AMÉLIORÉS.

A, pl. I, fig. 1, représente les parties inférieures de l'un de ces instruments.

a^1 a^1 est une petite cage, dont deux parois, la base, et la surface supérieure, se composent d'un seul coulage en laiton ; sa hauteur est de 33 lignes ou 74 millimètres environ, et sa base est à l'intérieur un carré de 22 lignes ou 50 millimètres environ de côté exactement.

a^2 un dôme de laiton vissé solidement sur la surface supérieure de la cage a^1.

a^3 une plaque en verre, mince et polie, fixée, par le moyen d'un châssis en laiton, et par des vis, sur la partie antérieure de a^1. Une plaque de verre dépolie est fixée, de la même manière, sur la partie postérieure.

a^4 un tube de verre épais et bien enduit de laque en écaille, qui s'applique en chauffant le tube jusqu'à ce qu'il soit capable de fondre la laque sans la carboniser. Ce tube est attaché solidement, et passe par un petit couvercle fixé au dôme a^2.

Son extrémité inférieure se prolonge d'un pouce français ou 27 millim. environ au-dessous du couvercle, et, sur son extrémité supérieure, est appliqué un petit chapiteau avec une vis. Une tige, formant la continuation de cette vis, passe par l'intérieur du tube a^4, dans lequel elle est solidement fixée, et se termine, à son extrémité inférieure, par une partie plate, dans laquelle sont pratiquées deux petites perforations à la distance d'une demi-ligne ou 1,12 millim. environ l'une de l'autre.

a^5 une paire de *pendulelti* de Volta en paille, de la longueur de 2 pouces, ou 54 millimètres et du diamètre de 1/6me de ligne ou 0,38 millim. environ. Dans leurs extrémités supérieures sont fixées deux crochets minces en cuivre, ou en or, lesquels passent librement par lesdites perforations. La longueur et le diamètre des *pendulelti* correspondent précisément avec l'étalon de Volta pour son Electromètre nº 1.

a^6 petite plaque d'ivoire, placée sur la plaque a^3. Son bord supérieur est un arc dont le rayon est égal à la longueur des pailles a^5, et il est divisé en demi-lignes ou 1,12 millim. environ ; le point 0 étant dans le plan vertical et perpendiculaire à a^6 et passant par la ligne où les *pendulelti* se touchent à peu près lorsqu'ils ne sont pas électrisés.

a^7 un petit tube, ajusté sur le chapiteau du tube a^4, mais dont la surface intérieure est à la distance d'un dixième de pouce ou de 3 millim. environ de l'enduit de laque de ce tube. On peut le déplacer à volonté.

B indique les parties inférieures d'un électromètre tout à fait semblables aux parties A, excepté que les *pendulelti* sont plus lourdes et épaisses, par suite de la continuation des fils de leurs crochets dans toute leur longueur. Ils divergent cinq fois moins que les *pendulelti* a^5, avec la même électrisation. Cet arrangement s'accorde avec la prescription de Volta pour son électromètre nº 2, et le rapport entre les deux instruments est constaté par son procédé bien connu *.

C est le conducteur, qui est un tube conique bien léger de cuivre, d'environ 3 pieds 6 pouces ou 114 centim. environ de longueur, et pourvu d'un chapiteau de laiton, dans sa partie basse, qui se visse à volonté sur le chapiteau de a^4.

c^1, fig. 1a, est une hélice de fil de cuivre mince.

c^2 un *solfanello* de Volta ; c'est-à-dire une petite mèche composée d'environ 10 fils de coton pour lampe imbibée de soufre.

D est une boîte d'acajou placée sur une table portative, ou bien sur un poteau, etc.

d^1 d^1 sont des pièces cannelées entre lesquelles les bases de A

* C'est-à-dire, en électrisant les deux instruments, unis par un conducteur, etc. *Vide* « *Opere del Volta,* » Tom. Ier, partie 2, pages 13 et suiv.

et B peuvent se fixer afin que les instruments soient bien préservés en voyage.

d^2 un petit tiroir pour contenir une réserve de mèches ou *solfanelli.*

Un bâton creux pourrait contenir le conducteur C; ses diverses parties étant emboitées l'une dans l'autre ; et, pour empêcher les vibrationsviolentes des *pendoletti*, pendant le transport, on pourrait se servir de petits tubes qui passeraient par des trous pratiqués dans les bases des cages A et B, et qui monteraient à une certaine distance, pour en recevoir les extrémités et les maintenir.

Quand on veut employer ces instruments à la manière de Volta, ou de Bennet, l'hélice c^1 peut être ajustée sur C, et c^2, allumée, sur c^1. Quand ils sont employés à la manière de Saussure, un fit pointu peut être substitué à c^1 et c^2; et quand ils sont employés à la manière inductive de Cavallo, ou d'Erman, ou de Peltier, une boule peut remplacer le fil pointu, ou bien les portions de C peuvent être séparées, et la boule attachée à la partie inférieure, ou bien l'instrument peut être employé sans aucun conducteur tel que C, suivant les circonstances des localités, etc.

Dans tous les cas où la tension électrique n'est pas extrêmement faible, les *penduletti* de paille sont infiniment préférables aux feuilles d'or, qui ne peuvent jamais se transporter avec sécurité dans l'instrument. *

* Plusieurs Electromètres, en ce genre, mais moins coûteux, ont été construits à Londres par M. Newman et par M. Adie.

Trois isolateurs semblables, mais plus petits et portatifs, pourraient se placer en forme de triangle équilatéral, et trois fils de chanvre fin, contenant des fils de cuivre bien souples, pourraient s'attacher aux colonnes F, et à un *Cerf-volant*, qui serait, par ce moyen, non-seulement bien isolé, mais aussi retenu à une hauteur à peu près constante. Un *cerf-volant* a été retenu de cette manière, par le moyen de cordes de chanvre, dans une expérience faite à Kew en 1847, ayant seulement pour objet quelques préparatifs pour des observations thermométriques*.

Pour observer l'électricité de la pluie, suivant le procédé de Cavallo, etc., un cercle de cuivre platiné, supportant un lacis de fil de platine ou de cuivre, pourrait s'employer au lieu de la verge D, comme l'indique le pointillé D' de la fig. 4.

* Voir le *Philos. Magazine*, sept. 1847.

à son autre bout l'hygromètre A B C, et ce bout porte aussi un thermomètre sec, G. La table porte de plus une petite lunette ou lorgnette, monté sur une charnière double, et on peut l'ajuster, par le moyen d'arêtes, aux inclinaisons qui permettent à l'observateur de s'assurer de l'instant de la formation de la rosée, et à lire les deux thermomètres, sans perte de temps. Enfin, la table est munie de quatre roues.

Par ce moyen, l'hygromètre A B C, le thermomètre sec G, etc., peuvent être poussés en dehors d'une fenêtre, ou d'une porte, en faisant mouvoir le tout sur ses roues, pendant que l'aspirateur, etc., reste toujours dans la salle.

Ce dernier appareil a été construit par M. Cary, de Londres, et porté à Kew, mais il n'avait pas été mis en activité à la fin de 1851.

Craignant que le bout du long tube qui porte l'hygromètre, etc., ne se trouvât pas assez immobile, et considérant, comme le fait M. Regnault, le grand avantage que l'on obtiendrait en éloignant les thermomètres des murailles et de sa personne, etc., j'ai proposé les modifications suivantes.

a^5 (Fig. 1, Pl. XIV) est un tube courbé, en métal flexible, de plusieurs pieds de longueur, mais de petit diamètre. Il porte, à sa partie la plus basse, pour recevoir l'éther condensé, un globe creux et un robinet. Un de ses bouts est uni par une douille à raccord à

a^4, qui est un tube supporté au-dessus de la table F, et communiquant avec l'aspirateur E, par un robinet de la colonne D, etc.

H est une colonne de pierre, un poteau, un support portatif à trois paires de pieds, ou tout autre support *bien solide* que l'on voudra, placé à une distance considérable du bâtiment qui contient l'aspirateur E.

D' une colonne semblable à D, pour supporter l'hygromètre A et le thermomètre sec G (voir fig. 3). Il communique avec

d^2, qui est un petit tube courbé, contenu dans une rainure pratiquée dans H. Il est uni à a^5, par le moyen d'une autre douille à raccordement.

I est un support triangulaire en laiton fondu d'une seule pièce, vissé solidement sur F. Il supporte a^4, et aussi

K, qui est une lunette, montée sur une charnière double ordinaire.

L est un autre support triangulaire, soutenant a^4, et dont la partie supérieure est formée de la manière indiquée par la fig. 2, où

l^1 est une ouverture carrée (à peu près).

l^2, l^3, l^4, l^5 sont 4 règles attachées à L par des vis à tête moletée, qui, passant par de longs trous pratiqués dans les règles, permettent à celles-ci d'être ajustées et fixées, de manière que la lunette K peut être arrêté dans les angles formés par leurs bords, dans une position exactement convenable pour que l'on puisse lire, par ce moyen, ou l'un ou l'autre des thermomètres B et G (voir fig. 3), ou observer la rosée sur la citerne A.

Pour protéger les thermomètres, etc., des rayons solaires, on peut placer une espèce de petit écran *léger* portatif, et ajustable à une distance convenable de H. Cet expédient me semble préférable à l'emploi d'un *abri*; car on sait bien que, les branches même des arbres qui avancent sur les thermomètres, etc., influent sensiblement sur le rayonnement de ces instruments. Un écran de cette espèce ne produirait pas le mauvais effet des murailles, etc. Pour protéger l'appareil contre la pluie, etc., quand il n'est pas en activité, on peut le couvrir avec une cloche de verre ou autrement.

DESCRIPTION

D'UN

ÉLECTROSCOPE DE BENNET

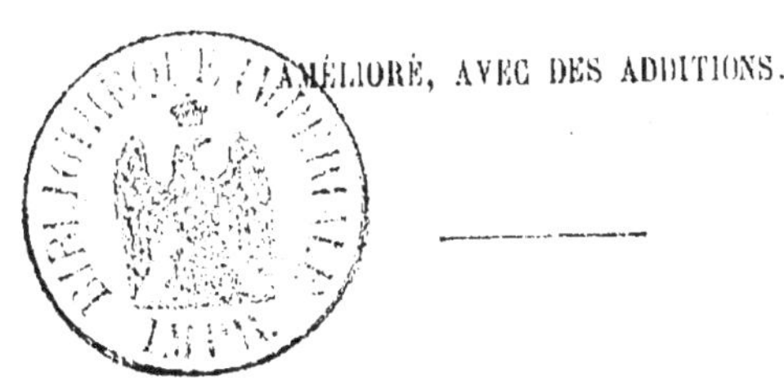

AMÉLIORÉ, AVEC DES ADDITIONS.

La fig. 2, pl. I, représente cet instrument.

A est une plaque épaisse de laiton bien plate.

B une espèce de petite auge annulaire en ferblanc, vernis, et contenant du chlorure de calcium.

C est l'Electroscope lui-même couvert par une cloche de verre bien ajusté sur A. Le fil de laiton, qui supporte les feuilles d'or, passe par un trou pratiqué dans un tampon, ou bouchon de verre, ajusté dans le cou long et étroit de la bouteille. La base de celle-ci est en métal, et l'intérieur de la partie plus grande est pourvu de 2 petites bandes en laiton en bonne communication électrique avec la base. L'intérieur et l'extérieur du cou sont bien revêtus d'un enduit de laque, appliqué en les chauffant *.

* Pour l'observation des faibles tensions, et, particulièrement, des quantités petites d'électricité, le mode d'isolation que l'on a appelé de Singer, est quelquefois très défectueux : parce qu'une partie de la surface du fil qui porte les feuilles d'or fait l'office d'un revêtement intérieur du tube de verre *bien mince* par lequel il passe, et le chapiteau *métallique* de l'instrument fait l'office d'un revêtement extérieur; comme font les deux revêtements d'une bouteille de Leyde; ils constituent donc ainsi un magasin de grande capacité pour l'électricité; et le contact d'un tel Electromètre avec le corps, dont la tension électrique doit être examinée, fait baisser, quelquefois notablement, la tension de ce corps même.

Cet instrument conserve une charge qu'il a reçue artificiellement depuis quelques jours, pourvu qu'il reste constamment dans sa cloche de verre, avec le chlorure de calcium ; et il est clair qu'un semblable appareil siccatif peut s'employer à l'égard d'un Electromètre de Volta ou tout autre instrument électrique, etc.

On peut électriser C, par induction, sans retirer la cloche de verre, en approchant un corps électrisé à une telle distance de la partie supérieure de la cloche, qu'il force les feuilles d'or (ou une feuille seule) de toucher, pour un moment, les petites bandes en laiton (ou une des bandes).

DESCRIPTION

D'UN

OBSERVATOIRE ÉLECTRIQUE PORTATIF.

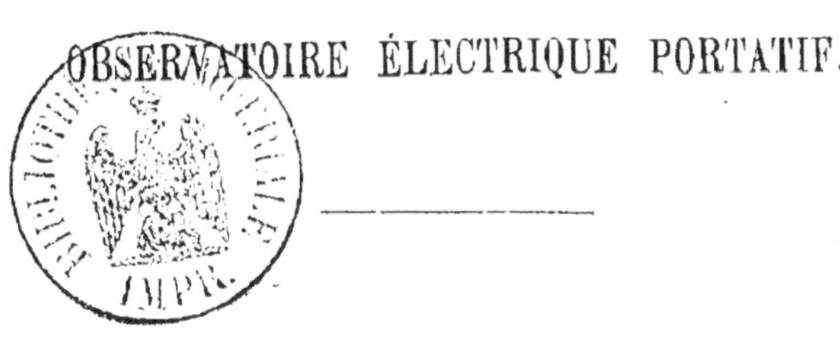

Les dépenses, ainsi que les difficultés, de transporter à des stations éloignées, des appareils pour les observations électriques, aussi grands et aussi pesants que les miens, dans l'Observatoire de Kew, m'ont fourni les motifs pour réunir quelques instruments dans a forme représentée par la fig. 3, pl. I; ce qui prouve qu'on peut établir, à un prix raisonnable, un appareil bien complet et possédant une grande facilité de transport.

A A A représente la chambre (qui est dessinée en demi-section). Cette chambre est assez élevée pour permettre à l'observateur de se tenir debout, et assez large pour qu'il puisse observer les Électromètres en se baissant.

a' est un cylindre d'acajou verni, et ajusté dans une ouverture du comble de A.

B une fenêtre (dont on peut se servir dans les opérations photographiques, etc.).

C un support à 3 doubles pieds, susceptible de se fermer et de former un faisceau portatif *.

c' un conducteur de sauvetage, en fil de cuivre fort, mis en communication avec de la terre humide ou de l'eau.

D est une partie du conducteur principal, qui est un tube de cuivre conique ayant 12 pieds anglais ou 3.65 mètres de longueur. Il est articulé (comme une ligne de pêcheur).

* Premièrement décrit dans mon « *Mechanical Perspective* de 1824 » et maintenant beaucoup employé dans les cas où un support bien solide et portatif est nécessaire.

E un tube de laiton dont l'extrémité supérieure est de deux pieds et demi ou 76 centimètres au-dessus du comble de A, et dans lequel la partie inférieure de D est solidement vissée, mais qui peut se dévisser à volonté.

F est une colonne de verre, creuse et bien forte, avec un collier en bois, etc. Son extrémité inférieure est en forme d'embouchure de trompette, et solidement fixée, par le moyen de boulons à vis, passant par des trous pratiqués dans le collier et la table G *.

G soutient aussi d'autres instruments.

H un chapiteau fixé sur F. Il porte un anneau sphérique supportant

I I qui sont deux bras coniques et tubulaires attachés à

K K deux boules contenant des tampons, etc., pour soutenir et ajuster des bras glissants, etc. (*Voir* aussi pl. II, fig. 1.)

k^1 k^1 les têtes de vis qui attirent les tampons contenus en K K.

k^2 un bras glisssant qui passe par une des boules K et par son tampon. Il est ajustable verticalement (ou à tous les angles dans un plan vertical et perpendiculaire à l'axe des bras I I.

L (pl. I, fig. 3) est une petite lampe échauffante.

l^1 sa cheminée conique de cuivre, fermée à sa partie supérieure, et entrant dans F; à laquelle il donne une *très-légère* chaleur.

M (fig. 3^a) est une petite lanterne de Volta ajustée, par le moyen d'une douille, sur la partie supérieure de D. Elle contient la lampe-collecteur; et elle est pourvue d'un petit capuchon tournant au gré du vent **.

N un parapluie cylindrique de cuivre, ajusté au moyen d'une douille etc., sur E, et portant un anneau bien uni à son bord inférieur.

O est la cage (qui n'est pas isolée) de l'Électromètre Volta, n° 1.

P celle du n° 2.

Ces deux cages sont précisément semblables aux cages décrites ailleurs ***.

Q Q sont les appareils pour suspendre les *penduletti*, etc.

* J'ai décrit mon isolateur de cette espèce dans ma *Description of an Electric Telegraph*, etc., *de* 1823, p. 28.

** Ce chapeau m'a été suggéré par M. Airy, Astronome Royal.

*** Voir *Description d'une paire d'Electromètres de Volta améliorés*.

On voit plus distinctement l'appareil à suspension dans la fig. 2, pl. II ; où

q^1 q^1 indique des tubes de verre enduits de laque, qui ne touchent jamais à O et P;

q^2 q^2 des couvertures cimentées sur q^1 q^1, et restant sur les dômes (de O et P), seulement quand les instruments ne sont pas en activité.

q^3 q^3 des anneaux auxquels q^1 q^1 sont attachés.

q^4 est une des petites plaques d'acier, à tranchant de couteau, saillant un peu des côtés intérieurs de q^3 q^3.

R est un bras horizontal tubulaire, supporté par k^2, et portant r^1 r^1, qui sont de petits tubes, etc., avec tampons, qui peuvent se glisser dans les bouts de R, et se tourner sur l'axe commun. Ils ont des entailles pour recevoir les tranchants de couteau, comme q^4.

De là, il deviendra évident, que, quand on aura mis les cages O et P (fig. 3, pl. I) dans leurs positions convenables, et que l'on aura ajusté les *penduletti* à leur juste hauteur (par le moyen du bras glissant k^2, etc.), l'isolement du conducteur, des bras, des *penduletti*, etc., sera *uniquement* dû à la colonne de verre F, légèrement échauffée; que toutes les parties Q Q peuvent être détachées du bras R, etc. (afin que les couvertures q^2 q^2 puissent rester sur les dômes) ; et que ces parties, avec leurs cages, puissent être éloignées, sans que l'isolement du bras, etc., soit détruit : puisque l'on peut opérer cette disjonction, en prenant dans sa main et soulevant, etc., les cages de O et P, sans toucher aucune partie de Q Q.

Si la partie inférieure de F s'échauffe un peu trop, et la partie supérieure un peu moins qu'elles ne devraient le faire, il y a toujours une *zone*, entre les deux bouts, qui possède la chaleur convenable pour obtenir un très bon isolement.

Il sera aussi évident que les parties QQ pendront assez librement, sans pouvoir tourner autour de leur axes verticaux (voir fig. 2, pl. II).

Les parties W, etc., qui sont indiquées dans la fig. 2, pl. II, mais non dans la fig. 2, pl. I, constituent un appareil pour donner une grande exactitude, en observant les mesures de divergence des *penduletti*. Ils appartiennent à mon instrument qui est dans l'Observatoire électrique de Kew, et de semblables appareils peuvent s'ajouter à cet observatoire portatif à volonté.

W est un court piédestal cylindrique en laiton fondu.

w^1 une espèce de rebord, saillant de sa partie supérieure et fondu avec lui. Il s'ajuste à volonté dans une cavité pratiquée dans le bas de P.

X une plaque circulaire sur laquelle W est solidement fixé, en bas par le moyen de vis.

x^1 un boulon taraudé attaché à X et passant par un trou, beaucoup plus grand que x^1, pratiqué dans la table G.

x^2 une grande rondelle couvrant ledit trou (en bas).

x^3 une noix moletée ajustée sur la vis de x^1.

Y est un anneau cylindrique et bien fort. Il peut se tourner sur W, et ledit rebord w^1 presse un peu sur sa surface horizontale et supérieure.

y^1 un bras tubulaire ayant un bout soudé en Y et dont l'autre bout contient un tampon avec vis, etc., par le moyen desquels y^2, qui est un fil d'acier, peut se glisser et se fixer dans y^1, comme k^2 se glisse et se fixe en K (fig. I).

y^3 un oculaire soutenu par y^2. Quand on fait usage de cet oculaire, sa distance au zéro de l'échelle en P est d'un pied anglais. ou 30,48 centimètres.

Il n'est pas nécessaire de dire que, par le moyen de cet appareil additionnel, la cage P, ayant été convenablement placée sur W, peut être facilement ajustée et bien fixée au-dessus de G, de manière que les *penduletti* soient exactement perpendiculaires au centre de la partie basse de P, et que l'œil puisse se fixer à la distance prescrite par Volta, c'est-à-dire à un pied anglais, de l'échelle P, et à une hauteur exactement juste et *constante*, pour lire l'Electromètre sans parallaxe.

Dans cette fig. 2, on voit l'Electromètre O détaché du piédestal W, et en profil. Il a précisément les mêmes accessoires que nous avons décrits et qui appartiennent à P *.

S, (pl. I, fig. 3), est l'Electromètre Henley, tel qu'il a été perfectionné par Volta, qui a employé deux plaques semi-circulaires au lieu d'une seule, etc.

Cet instrument, soutenu par le bras glissant k^2, dont nous avons parlé (à la page 2), en position exactement verticale, est indiqué plus en détail fig. 3, pl. II.

* Le bras y^1, n'est pas représenté en position juste pour lire l'électromètres afin qu'il n'empêche pas la vue de l'échelle, etc.

A, est une pièce en laiton cylindrique en bas, et carrée en haut.

B B deux plaques en ivoire attachées à A, et sur les bords desquels sont gravées des échelles divisées en degrés du cercle ; chaque degré doit correspondre avec dix degrés de l'Electromètre étalon de Volta n° 1, afin que l'instrument fasse suite à celui-ci, quand de petites corrections, pour tous les degrés au-dessous du 15e et au-dessus du 35e, ont été faites, suivant les prescriptions de Volta, de De Luc, et d'autres.

$b^1.b^1$ des petits écrous avec têtes globulaires ; ils passent par BB, et ont des cavités dans leurs bouts pour admettre, bien librement, des pivots fins en acier portant une petite boule, dans laquelle est fixé

C, qui est le pendule de paille de grosseur moyenne et de 4 pouces français ou 108 millimètres de longueur, portant sa boule en moëlle du diamètre de 3 lignes ou 6,76 millimètres. Il monte, quand l'instument est électrisé, dans un plan se coupant avec l'axe de E, fig. 3, pl. I, etc. ; et le dos (ou partie A) de l'instrument est tourné vers E, etc. Tous les coins sont bien arrondis, mais, comme tous les instruments qui sont destinés à mesurer les tensions hautes, par le moyen de pendules, il n'est pas capable de donner des résultats dans lesquels on puisse mettre la même confiance que dans ceux donnés par les instruments à pendules employés pour mesurer les tensions basses (comme ceux de Volta) ; parce que, malgré toutes les précautions possibles, on ne peut jamais prévenir sa tendance plus grande à perdre une partie de sa charge électrique, en forme de rayonnement, plus ou moins sensible, ou même par le moyen des poussières et vapeurs flottantes dans l'air ambiant.

T (fig. 3, pl. I) est mon Déchargeur, en position, avec sa base en bonne communication avec le conducteur de sauvetage c^1.

C'est une modification de l'Electromètre Lane, qui est seulement applicable aux mesures de longueur des étincelles, quand la tension électrique ne subit pas de soudaines variations ; quand elles deviennent presque momentanées, comme cela arrive souvent pour l'appareil atmosphérique électrique, pendant un orage, ou même pendant une simple pluie, il est impossible de tourner l'écrou micrométrique de Lane avec une vélocité suffisante, pour suivre ces variations subites de tension.

Cette imperfection est presque entièrement évitée en employant le déchargeur qui est indiqué plus en détail dans la fig. 4, pl. II, où

A est une colonne en laiton ;

a^1 une plaque sur laquelle A reste ;

a^2 un boulon taraudé, attaché à a^1, et passant par un trou, beaucoup plus large que a^2 pratiqué dans la table G ;

a^3 une noix moletée, et une grande rondelle ajustées sur la vis de a^2.

B est un levier, portant un manche en verre, à un bout, et une fourchette à l'autre. Il passe par un trou long pratiqué en A, et son point d'appui est soutenu par un axe. Le verre est enduit de laque

b^1 un des deux bras attachés, par des pivots, sur chaque côté de la fourchette de B, et aussi à chaque côté de

C, qui est une verge glissant, à volonté, dans un trou pratiqué dans a^1, et passant par un graud trou dans la table G. Il porte en haut une boule du diamètre de 3 lignes ou 6.76 millimètres, et glisse aussi, à volonté, dans un trou pratiqué dans

c^1, qui est une plaque attachée au chapiteau de A.

D un long indicateur fixé solidement sur l'axe de B. La distance de l'axe à la pointe de D est deux fois sa distance aux deux pivots dans les bouts de la fourchette de B.

E une plaque d'ivoire fixée sur a^1, sur le bord courbé de laquelle plaque une échelle est gravée en divisions, dont les cordes ont environ un dixième de pouce anglais ou 2.5 millim. environ.

k^3 un bras glissant et ajustable, qui passe par l'autre boule K, et porte en bas une boule de la même grandeur que la boule de C.

On voit que, par le moyen du levier B, on peut approcher ou éloigner les deux boules de C et de k^3 l'une de l'autre à volonté, et instantanément, et que l'indicateur D peut montrer, sur l'échelle gravée sur E, la distance, en raison double, qui peut exister entre les boules de C et de k^3 à un moment donné, et, par conséquent, la longueur, en raison double, de l'étincelle électrique qui peut passer, à ce moment, à la terre, par la voie de notre conducteur.

On comprendra que, nécessairement, les divisions de l'échelle de E ne sont pas parfaitement égales entre elles ; elles ont été faites de manière que chaque division *d'environ* un dixième de pouce ou de 2.5 millimètres, représente, *précisément*, une distance d'un vingtième de pouce entre les boules de C et de k^3.

DESCRIPTION

D'UN

APPAREIL PLACÉ A L'AIR LIBRE

POUR

L'ISOLEMENT ÉLECTRIQUE.

Ce petit mécanisme est très-commode comme appareil portatif ; parce qu'il peut se placer dans les positions où il eût été incommode et trop dispendieux d'ériger un observatoire à chambre. (V. fig. 3, Pl. 1 de notre description d'un semblable observatoire). Quelques observateurs pourraient peut-être tirer quelque avantage de son usage de préférence à la perche usuelle saillant d'une fenêtre, à la manière de Volta, de Cavallo, de moi-même, (autrefois) et de plusieurs autres ; parce qu'il faut avoir une verge très-longue pour éviter les mauvaises influences des toits des maisons, des cheminées, etc., quand le vent passe par ces toits et cheminées, en arrivant à la perche.

G (fig. 4, pl. I), la table, est, en ce cas, supportée par trois planches solides, ou supports triangulaires, fixés, par le moyen de fortes charnières, à sa surface inférieure, lesquelles planches, ou supports, sont munis de contre-fiches, pour diminuer les vibrations. Ils peuvent se ployer en dedans, pour en faciliter le transport.

g^1 g^1 sont deux morceaux de toile à voiles qu'on peut lacer sur les supports, par le moyen de cordes fines, de boutons fixés sur les planches, et de crochets attachés sur les morceaux de toile, de manière à remplir les intervalles entre les supports, et prévenir les influences du vent. On peut ajouter un troisième morceau de toile, en observant toutefois qu'il faut toujours laisser ouverte une partie d'un intervalle.

D, le conducteur articulé et sa petite lanterne de Volta, sont à peu près les mêmes que fait voir la fig. 3.

F, la colonne de verre isolante, est aussi à peu près semblable à celle de F, fig. 3, mais plus forte.

La lampe échauffante de cet appareil est beaucoup plus efficace que celle de la fig. 3, afin de pouvoir contrebalancer la diminution de température dans l'atmosphère extérieure à laquelle la colonne de verre se trouve ordinairement exposée.

a^1 le cylindre qui est représenté par le pointillé, et correspondant, à quelques égards, avec a^1 de la fig. 3, est en cuivre et protège F de la pluie, etc.

Cet appareil pourrait se placer sur le comble d'une maison ; et une tige, ou plutôt une verge, servirait à établir la communication avec un appareil intérieur, comme avec les parties F, G, H, etc., de la fig. 3.

La partie basse de l'appareil, fig. 4, pourrait également se placer dans des positions plus ou moins élevées sur la terre, à une distance convenable des bâtiments, des arbres, etc. ; et un long fil de cuivre pourrait être attaché à un conducteur plus fort et plus court que D, sans la lanterne ; lequel fil serait mis en communication avec un appareil intérieur. Par ce moyen, le procédé principal employé par Beccaria pour observer l'électricité de la rosée, etc., s'emploierait avantageusement, et on pourrait le comparer avec d'autres méthodes.

Ou bien plusieurs isolateurs comme celui de la fig. 4, avec forts et courts conducteurs, pourraient se distribuer sur un espace considérable, et s'employer à supporter plusieurs fils de cuivre liés entre eux et avec un appareil intérieur.

Un lacis, en fil de cuivre fin, supporté par le moyen de ces isolateurs, pourrait peut-être donner des résultats intéressants dans les observations sur la rosée. Les colonnes F devraient, dans ce cas, s'incliner en dehors, pour que leurs forts conducteurs fussent en état de résister à la pesanteur *.

* Mais on ne doit jamais oublier que les parties d'un fil ou d'un lacis, qui ne recueillent pas l'électricité atmosphérique, font diminuer la tension de la charge électrique recueillie par les autres parties ; surtout quand l'atmosphère est humide.

DESCRIPTION

D'UN VAPEUR-MÈTRE.

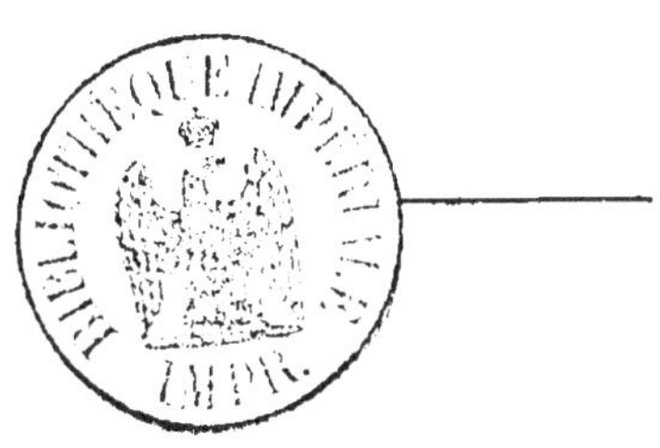

Cet instrument indique la quantité d'eau qui s'évapore, pendant un temps donné, d'une surface circulaire d'eau d'un pied anglais de diamètre, en ayant égard à la quantité d'eau qui a pu tomber pendant le même temps.

AA, fig. 4, pl. XIV, est un vaisseau cylindrique, dont le diamètre intérieur est d'un pied anglais ou 30,48 centimètres.

B, un autre vaisseau, en communication avec A, au moyen d'un tube au fond.

D, forte plaque circulaire, reposant sur

d^1, qui est la couverture de B.

E et F, deux *ponts* angulaires, vissés sur D, distants l'un de l'autre de trois quarts de pouce ou 1.90 centimètres. Ils ont chacun un petit rubis foré.

G, poulie à double rainure, fixée sur un arbre en platine martelé. Les bouts de cet arbre tournent dans les rubis.

H, aiguille attachée à G.

I, échelle circulaire, fixée sur F. Le zéro est gravé sur la partie supérieure.

L, petit flotteur en cuivre, hermétiquement fermé, attaché à l'un des bouts d'un fil de soie très-fin, qui passe par des trous dans D et *d* [1]. L'autre bout du même fil est fixé dans l'une des rainures de G.

N, contre-poids, moins pesant que L, suspendu par un fil fixé dans l'autre rainure de G.

P, cloche de verre, pour mettre D, etc., à l'abri de la pluie.

On voit donc, que si on a versé dans A, une quantité d'eau exactement suffisante pour amener l'aiguille H au point zéro de l'échelle I, et si l'évaporation a fait diminuer cette quantité primitive, l'aiguille indiquera (en raison multipliée) la quotité de cette diminution ; et aussi, que l'aiguille indiquera, de la même manière, les augmentations provenant de la pluie.

L'appareil que nous venons de décrire a été employé pendant plusieurs années, sur le toit de l'Observatoire de Kew, et on tenait, chaque soir, note de la moyenne produite par l'évaporation et la pluie. Mais j'ai toujours regretté de n'avoir pas eu l'occasion de le placer plus convenablement, et j'ai déjà dit * que cet instrument doit être placé tout près d'une grande surface d'eau, dans un bateau, par exemple.

Il me semble, qu'en choisissant une telle position, on obtiendrait, quant à l'évaporation générale, des résultats beaucoup plus approximatifs, qu'en le plaçant sur un terrain etc., qui est tantôt très-sec et très-chaud, et tantôt plus ou moins humide ; tout au moins serait-il bon de faire des expériences comparatives entre ces deux espèces de position.

Afin de l'entourer d'une atmosphère dont l'état hygrométrique ne soit pas influencé, ou du moins ne le soit que fort peu, par la température du terrain, etc., il serait peut-être bon de le fixer sur un fort poteau piloté dans un lac, ou un étang d'une certaine étendue et profondeur. Afin de s'en approcher à son aise, pour faire les ajustements périodiques, etc., on pourrait construire une petite chaussée, ou un pont en bois, ou même employer à cet usage un bateau plat.

Si ces moyens sont impraticables, on peut recourir à un petit appareil dont voici la description. Il a l'avantage d'être tout à fait portatif, et peut même parfois remplacer pont ou chaussée, et poteau.

* Voir *Report of the British Association for* 1844, p. 129.

DESCRIPTION

D'UN

PHOTO-ÉLECTROGRAPHE.

Cet instrument, le premier qui a été imaginé pour enregistrer des phénomènes météorologiques, par le moyen de lentilles, et de photograhie, est le résultat de quelques expériences que j'ai faites en avril et mois suivants de 1845. Il a été construit et mis en activité à Kew, en juillet, même année *. Je l'ai, depuis, amélioré un peu.

A, A, fig. 1, pl. III, est une boîte rectangulaire (sans sa paroi gauche) d'environ 16 pouces anglais ou 40,64 centimètres de longueur et 3 pouces ou 7.62 centimètres carrés. Elle constitue la partie qui est ordinairement nommée *le corps* d'une espèce de microscope lunaire ;

B, une paire de *penduletti* n° 2 de Volta dans sa cage, sans les plaques de verre (non figurée). Le fil en laiton, qui suspend ces penduletti, passe par un tube fixé sur la partie supérieure de A, mais il y a, à l'entour du fil, un intervalle d'environ un demi pouce ou 1.27 centimètre entre sa surface et la surface intérieure du tube. On peut retirer B, etc., de A, à volonté.

Il est isolé, et mis en communication avec un conducteur atmosphérique, de la manière que nous avons décrite dans « la Description d'un Observatoire électrique. » Une couverture, qui ne touche pas audit tube, est attachée à l'appareil isolant ;

C, une planche ajustée sur le bout gauche de A ;

c^1, une ouverture courbée pratiquée au travers de C. Une petite porte glissante en laiton, non visible dans la figure, peut être employée pour admettre la lumière dans A (par c^1), ou

* Voir Philosophical Transactions, Part I, for 1847, p. 111.

pour l'exclure à volonté, et une lentille condensateur est quelquefois placée au delà de l'ouverture, qui est couverte d'une plaque de verre bien blanc.

D, une lampe Argand, qui projette assez de lumière dans A, quand on n'emploie pas la lumière du jour.

E est la *bouche*, formée d'un petit cylindre creux, fixé sur une plaque capable d'être tournée, pour ajustement, autour de son centre dans un anneau, attaché à l'autre bout de A. (*Voir* aussi fig. 3.)

e ¹, l'ouverture de ce diaphragme, est courbé comme *c* ¹, mais dans le sens contraire ; elle n'a qu'un dixième de pouce ou 0.25 centimètre de largeur.

F est la boîte à châssis fixée à angles droit sur A, etc. Le battant de sa porte se ferme très-exactement, pour en exclure la lumière.

f ¹, une planche forte qui unit F et A. Un grand boulon taraudé, et fixé à cette planche, passe par un trou, beaucoup plus large que lui, pratiqué dans une table forte, sur laquelle le tout reste. Il porte une grande rondelle et une noix moletée à pression, pour faciliter l'ajustement et l'immobilité de F, A, etc., sur la table ;

f ², une règle bien plate fixée au côté droit de F ;

f ³, fig. 2, un ressort attaché au côté gauche ;

f ⁴, une petite poulie ;

f ⁵, une paire de ressorts attachés au battant de la porte de F ;

f ⁶, fig. 1, un petit microscope ajusté à une ouverture pratiquée dans le battant, et opposé à *e* ¹, quand la porte est fermée.

G est un tube contenant deux groupes de bonnes lentilles achromatiques, dont les figures convenables pour leur destination ont été bien étudiées et exécutées par Ross, de Londres. Ils forment, dans l'intérieur de E, une image renversée de la même grandeur environ que l'object B. G est supporté par deux planchettes dans A.

H, fig. 2, est le *châssis glissant* suspendu en F. Son côté gauche est pressé par le ressort *f* ³ ;

h ⁴, le battant de la porte de H, ayant une ouverture courbée vers son extrémité supérieure ;

h ⁵, etc., 3 petits taquets tournants ;

h^1, etc., 3 ressorts attachés à la paroi intérieure de h^4, et agissant sur le côté postérieur de

Y, fig. 5, qui est une paire de plaques de verre, ou une plaque daguerréotype, contenues en H.

h^2 h^2, fig. 2, deux petits châssis, contenant des galets, qui peuvent rouler sur la règle f^2, quand la machine est en activité ;

h^3 une paire de crochets, pour suspendre H.

h^6, une plaque en laiton, qui peut glisser, bien librement, dans des rainures en H, et en face de Y (fig. 5) : son bord inférieur reste sur le fond de F, et le bord supérieur est situé à une petite distance au-dessous de l'ouverture e^1 (fig. 1).

h^7, fig. 5, une petite plaque de verre dépoli, mastiqué en H; le côté dépoli étant précisément dans le plan de la surface antérieure de Y.

I, fig. 2, une poulie à deux rainures, et d'environ 4 pouces ou 10,16 centimètres de diamètre : elle est ajustée sur l'arbre du barillet d'une horloge.

i^1, une petite corde de boyau, attachée par un bout à h^3, passant par un trou en F, supporté par f^4, et suivant le contour de I jusqu'à

i^2, qui est une cheville fixant l'autre bout de i^1 dans l'une des rainures de I.

i^3, une autre corde suivant le contour de I, et fixée par un bout à

i^4, qui est une cheville dans l'autre rainure de I.

i^5, un contrepoids, un peu plus pesant que le châssis H, etc., attaché à l'autre bout de i^3.

i^6, une noix moletée, avec écrou à pression, vissée sur le bout de l'arbre du barillet de l'horloge, pour empêcher ou permettre à I de tourner sur l'arbre.

K. L'emboîtage de l'horloge.

Voici maintenant la manipulation de cette machine :

« Si l'on veut se servir du procédé Talbot, pour obtenir les courbes de variations électriques, on place le papier entre les deux plaques de verre Y (fig. 5) dans le châssis glissant H, et on les couvre avec la plaque en laiton h^6 (fig. 2), avant que l'opérateur sorte du lieu peu éclairé, où les derniers préparatifs du papier ont été exécutés; ou bien, si l'on se sert du procédé Daguerre, la plaque argentée Y ayant été revêtue d'iode et de brome, dans son châssis H, suivant l'usage, on la couvre avec h^6, avant de retirer H de sa dernière boîte à revêtement.

2° La petite porte glissante, au-delà de c^1 (fig. 1), étant fermée, et l'écrou i^6 (fig. 2) étant relâché, on place H avec h^6, etc., debout, sur le fond de F, ensuite on l'attache aux crochets h^3.

3° On ferme la porte de F; en conséquence; la paire de ressorts f^5 appuie sur h^4, et force ainsi h^6 à presser sur la partie inférieure de E, au-dessous de l'ouverture e^1 (fig. 1). *

4° On ouvre la porte glissante au-delà de c^1, et on peut alors observer les deux extrémités inférieures des images des *pendu-letti* B, projetées au travers du diaphragme e^1, sur la plaque de verre dépoli h^7 (fig. 5), en les regardant, par le moyen du microscope f^6 (fig. 2): afin de vérifier la justesse du foyer des lentilles en G.

5° On tourne I (fig. 2) sur l'arbre de l'horloge, pour faire monter H d'un pouce, environ; afin que les petites parties des images puissent venir sur le papier, ou sur la plaque Y. On serre I sur son arbre, par le moyen de l'écrou à pression i^6, et on fait marcher l'horloge, à un instant donné, en touchant son pendule. Alors, le châssis H, portant avec lui les plaques de verre et le papier, ou la plaque daguerrienne Y, monte, en raison d'un pouce par heure, mais il laisse la plaque h^6 restant sur le fond de F.

6° Au bout de douze heures, ou d'un autre laps de temps, on arrête l'horloge, on ferme la petite porte glissante au delà de c^1 (fig. 1), on relâche l'écrou i^6 (fig. 2), on fait descendre H, en levant le contrepoids i^5, et on le retire, avec h^6, de F.

7° Ayant porté H, etc., dans le lieu peu éclairé, et ayant exécuté sur le papier, ou la plaque, le procédé de développement, on y voit des courbes photographiques telles que celles de la figure 5, et, après le procédé de fixation, on peut déterminer, à peu près rigoureusement (**) la tension électrique enregistrée par ces courbes, en ajustant Y contre une échelle verticale divisée en

* Pour s'assurer de la juste fonction du châssis glissant H avec ses roulettes h^2 h^2, et sa plaque h^6, aussi des ressorts f^5 etc., il est bon, à ce moment, de faire monter et descendre H etc., deux ou trois fois, en prenant le contrepoids i^5, dans sa main. La porte au delà de c^1, est destinée à protéger, contre la lumière, la surface photographique Y, pendant cette opération.

** J'ai dit *à peu près* rigoureusement, parce qu'on ne peut pas toujours s'assurer que les pendulетti divergent également d'une ligne se coupant avec l'angle de divergence et parallèle à notre règle f^2 contenu en F.

parties correspondant précisément aux heures et minutes de l'horloge, et en appliquant aux courbes une échelle, comme t^{1}, courbée et divisée proportionnellement à l'échelle de l'électromètre Volta nº 2.

La fig. 4 représente un appareil *expérimental*, qui a été employé pour l'enregistrement, non-seulement de la *tension*, mais aussi de l'*espèce* (positive ou négative) de l'électricité possédée par le conducteur.

A est la boîte (ou corps de microscope) dessiné en section (voir aussi fig. 1),

B la cage en laiton, et le dôme (dessinés en section) d'un électromètre Volta amélioré *. Ces parties sont ajustables, par moyen de vis qui passent par les parois de A.

b^{1} la paire de penduletti.

b^{2} leur fil à suspension isolé, et en communication avec le conducteur atmosphérique.

b^{5} une petite plaque étroite attachée à la partie inférieure de b^{2}, entre les penduletti.

b^{6} un long pendule en fil de cuivre, suspendu, par le moyen d'un crochet, à la petite plaque b^{5}, et passant par de longues et larges ouvertures pratiquées dans les fonds de B et de A.

b^{7} une petite boule de moelle fixée sur b^{6}.

b^{8} b^{8} sont de petites bouteilles de Leyde en verre *très-mince*, ajustées sur des pièces glissantes, qu'on peut éloigner ou rapprocher à volonté l'une de l'autre, par le moyen de vis micrométriques.

b^{9} b^{9} fils en communication avec les revêtemens intérieurs de b^{8} b^{8}, et susceptibles d'être plus ou moins haussées.

b^{10} b^{10} fils portant chacun, à l'un de ses bouts, une petite boule, et, à l'autre bout, une paire de penduletti.

Quand cet *électromètre à distinction* était employé, les bouteilles de Leyde étaient chargées artificiellement, l'une d'une manière négative et l'autre positive : par conséquent, si les penduletti b^{1} et le long pendule b^{6} b^{7} venaient à recevoir une charge positive du conducteur atmosphérique, le pendule long était attiré par la boule négative et s'inclinait vers elle (*et vice versa*, quand ils venaient à recevoir une charge négative)

Ainsi il devenait évident, que, dans le photographe résultant, une ligne doit paraître entre les deux lignes produites par les

* Voir « *Description d'une paire d'électromètres, etc.* »

petites parties inférieures des images des penduletti b^1 b^1 mais plus proche de l'un que de l'autre.

Afin de savoir avec certitude, pour les intensités basses, vers laquelle des boules le pendule s'inclinait, une petite barre traversait l'exact milieu de l'ouverture c^1. L'ombre de cette barre créait, nécessairement, une ligne centrale dans le photographe.

Les bouteilles de Leyde ont conservé une charge basse, mais suffisante, pendant vingt-quatre heures, même dans un état humide de l'atmosphère. (*)

Dans la fig. 3, on aperçoit (dans l'ouverture courbée e^1) les parties visibles des images des parties inférieures des penduletti de paille b^1 b^1, et celle du long pendule b^6, et la petite barre à bisection.

(*) On sait que M. Bohnenbergher a, très-ingénieusement, employé deux colonnes de De Luc, ou de Zamboni, dans la composition d'un électromètre qui distingue son électricité. Cet appareil ne serait pas bien à notre propos : parce que, quand l'électricité atmosphérique est un peu forte, les colonnes peuvent recevoir une charge momentanée de la feuille d'or interposée, et peuvent, ainsi, devenir électrisées, pour le moment, de la même manière que lui.

Elles servent bien pour estimer la distance entre les boules jusqu'à un quarantième de pouce, ou moins.

Nous avons reconnu une coïncidence passablement approximative entre les longueurs des étincelles reçues par cet instrument, et les mesures de tension données par l'Électromètre Henley.

V (fig 3, pl. I) est l'Électroscope de Bennet amélioré et décrit ailleurs.

En employant cet instrument pour distinguer le *genre* de l'électricité (positive ou négative) possédé par le conducteur, on peut le charger par induction, de la manière déjà indiquée, et l'approcher vers K, etc. Pour faciliter cette opération, on pourrait le placer sur l'une des extrémités d'un fort et long levier dont l'autre extrémité soit fixée à un pivot qui tient à la cloison de l'observatoire.

L'appareil atmosphérico-électrique, construit pour l'observatoire de Kew en 1843, le fut exactement sur les mêmes principes que celui-ci. L'instrument de Kew est resté, presque constamment, à l'état d'électrisation pendant près de huit ans, et ses indications ont été, chaque jour, enregistrées dans notre journal météorologique. Il éprouva, pendant ce temps, quelques intervalles de neutralisation, qui ne furent chacun, que de quelques minutes, se produisant, principalement, lors des périodes transitoires de l'état positif à l'état négatif auxquelles est soumise l'électricité atmosphérique ; et il y eut aussi pendant les huit ans une interruption de trois jours nécessitée par des réparations, etc *.

En 1850 et 1851, on se servit de l'appareil de Kew pour faire des observations relatives à la *Fréquence* ** de l'électricité atmosphérique.

Ces observations aboutirent à des résultats assez intéressants. Car, depuis les expériences faites à Turin, en 1750, par Beccaria, cette grave question de la *fréquence* avait été, sans qu'on en ait jamais expliqué la raison, presque entièrement négligée.

* De pareils instruments ont été construits pour l'Observatoire royal de Greenwich, et pour d'autres observatoires, etc., dont un pour l'Observatoire royal de Madrid, dirigé par Don Manuel Ricco Sinobas. Ce dernier appareil a donné de très fortes indications ; la localité se trouvant bien favorable.

** L'expression de *fréquence* s'emploie pour indiquer le temps que met une charge d'un conducteur atmosphérique isolé à atteindre son maximum après la destruction d'une charge antérieure de ce conducteur.

Q figs 4 et 5, est une plaque ovale, sur laquelle A B, etc., sont fixés.

q^1 q^2 niveaux, placés à angle droit l'un par rapport à l'autre, et fixés aussi à Q.

q^3 un des deux vaisseaux cylindriques (placés sur Q) ayant, chacun, un robinet à long levier (ou bras) au fond.

R, fig. 4, section mi-sécante, d'un petit bateau, ou d'une bouée, en feuille de cuivre, fermé hermétiquement.

r^1 etc., châssis, en feuille de cuivre un peu forte, soudés sur les parois, et sur le pont du bateau R, pour fortifier les parois, etc.

r^2 l'une des pièces diverses, sur lesquelles Q est appuyé.

r^3 le lest.

A chaque extrémité du bateau R, est attaché une petite corde ; on peut étendre ces cordes sur chacun des deux côtés opposés du rivage. Elles sont destinées à fixer, sur l'eau, l'appareil dans une position déterminée.

Voici encore une disposition plus commode, qu'on pourrait adopter quelquefois, peut-être.

S fig. 5 est un vindas, divisé en deux parties ; son fuseau commun fonctionne dans

s^1 qui est un châssis attaché à

s^2 un petit pieu enfoncé sur le terrain du rivage.

s^3 un boulon taraudé attaché à s^1, passant par un des divers trous pratiqués dans s^2, et garni d'un écrou ailé, destiné à fixer s^1 à une hauteur convenable.

T paire de poulies, ajustées sur

t^1 qui est une barre attachée à

t^2 autre pieu, enfoncé dans le terrain du rivage, ou au fond de l'étang,

t^3 autre boulon, etc., servant d'appui à t^1 et ajustable sur t^2, comme s^3 est ajustable sur s^2.

V petite corde, liée à une des parties de S et à R.

W autre corde tenant à R, passant par la paire de poulies T, puis s'enroulant sur la seconde partie de S, où elle se fixe.

De sorte que, pendant le temps qu'on fait rouler la corde V pour tirer R à terre, sur la première partie de S, la corde W se déroule de l'autre partie.

On doit peut-être construire un petit bassin, sur le rivage, pour retenir la bouée R pendant les ajustements, etc.; et, afin de niveler, promptement, la plaque Q, etc., on peut verser dans les deux vaisseaux q^3, une quantité d'eau suffisante pour faire incliner cette plaque dans les deux sens; alors on peut ouvrir, successivement, les robinets, et dès qu'il en sera sorti une quantité d'eau suffisante pour produire l'horizontalité, ce qui sera indiqué par les niveaux q^1 et q^2, on devra fermer les robinets en frappant leurs leviers.

On peut encore tirer R dans un bassin ne contenant pas assez d'eau pour le tenir à flot. Alors on peut le niveler, au moyen de vis de rappel attachées au bateau, et en pressant sur le fond du bassin.

Dans les temps calmes, si on veut faire une observation sans tirer R à terre, on peut employer une lunette, montée, pour l'occasion, sur le pieu s^2.

cette action, le ressort f^5 s'appuie sur h^4 et force ainsi h^6 à presser sur la lèvre gauche de la bouche E (*voir* page 2).

5° On peut alors observer l'image de b^1 (fig. 1, pl. XII) projetée sur l'échelle gravée sur la petite plaque de verre dépoli h^7 (fig. 4), en regardant ladite image à travers les *deux* ouvertures étroites dans les battants des portes de F et de H (fig. 3), afin de vérifier la justesse du foyer des lentilles en G (fig. 1).

6° On visse l'écrou i^6 (fig. 3) pour que la poulie I ne tourne pas sur son arbre.

On fait marcher l'horloge, à un instant donné, par le moyen de k^2. Ensuite la révolution de I fait mouvoir H, etc., vers la droite de F, à raison d'un pouce ou 2,54 centimètres par heure, portant avec elle la plaque Y, mais laissant h^6 arrêtée par la petite cheville saillante (dont nous avons parlé); ainsi des portions successives de Y (fig 4) viennent s'exposer à l'influence de la lumière venant de la lampe D (fig. 1), ou d'une fenêtre, et passant par C, par c^3, par la partie vide au-dessous de b^1 du baromètre B, par G, et enfin par l'intervalle étroit des lèvres en E : conséquemment, si b^1 vient varier sa hauteur pendant le trajet de H, etc., des portions inégales du revêtement photographique de Y (fig. 4) viennent s'assujétir à l'action de la lumière.

7° A la fin de 12 heures, ou d'un autre intervalle de temps, on arrête l'horloge en K, on relâche un peu la noix i^6, et on force H à reprendre sa première position en F (en tirant i^2)

8° On porte H conjointement avec h^6, etc., dans un lieu très-obscur où l'on retire Y de H, et on place Y dans la boîte au mercure, un peu échauffée.

9° Quand on le retire de cette boîte, le revêtement de Y présente une figure dans le genre de y^1 y^2 (fig. 4), qui indique cette portion de Y qui a été assujettie à l'action de la lumière en F; la ligne y^1 étant la courbe de la variation barométrique, et la ligne y^2 étant son abscisse, formée par le bout inférieur de l'intervalle e^1.

10° Quand on l'a lavé dans la solution d'hyposulfite de soude, on ajuste Y sur un petit mécanisme qui sera décrit d'ailleurs, pour mesurer les ordonnées, etc., ou on les mesure de la manière ordinaire.

Si l'on veut se servir du procédé Talbot pour obtenir la courbe.

1° On prépare le papier Y (fig. 4, pl. XII) de la manière qu'on trouve la plus convenable pour remplir son office *spécial*;

2° On le place entre 2 plaques de verre bien plat dans le chassis glissant H, et on les couvre avec la plaque h^6 (fig. 3) avant que l'opérateur ne sorte de son lieu peu éclairé ; puis on procède précisément de la manière qui a été décrite pour la plaque argentée.

La description de l'appareil compensateur serait parfaitement comprise en référant aux fig. 3, 4 et 5, pl. XI, etc.

b^2 (fig. 3) est la cuvette du baromètre. Son couvercle en verre est exactement ajusté sur elle, et emboîté, par le moyen de deux plaques triangulaires (*voir* fig. 4) et trois longues vis, etc. Ce couvercle a un ajutage par lequel la partie supérieure du tube a été passée de bas en haut, et la partie inférieure étant légèrement conique, est ajustée à l'émeri dans l'ajutage, de manière à suspendre avec sécurité la cuvette (la base du cône étant en bas).

b^3 un anneau, par lequel le tube a été passé ; après lequel passage on a élargi son extrémité pour l'empêcher de ressortir.

b^4 une pièce attachée à b^3, par le moyen de deux vis ; elle tient un petit anneau, par lequel un court écheveau de soie passe et soutient le baromètre.

b^5 un segment d'un anneau, etc. (*Voir* fig. 5).

b^6, etc., trois vis ajustables, passant par b^5, pour prévenir, à peu près, toute oscillation accidentelle du baromètre ; ils ne le touchent pas actuellement.

b^7 b^7, fig. 3, sont deux pièces de sapin bien vieux, et à veines bien droites.

b^8 b^8, deux barres en laiton, unissant b^7 b^7 par le moyen de vis et rondelles.

b^9 et b^{10}, deux plaques en laiton vissées sur b^7 b^7.

b^{11} et b^{12} sont des verges en zinc *dur*, sur les extrémités desquelles des chapiteaux en laiton sont soudés.

Le chapiteau supérieur de b^{11} est attaché à b^9 par un pivot invariable, et son chapiteau en bas est attaché par un pivot, au bout gauche de

b^{13}, qui est un levier dont le point d'appui est situé à la distance d'environ un tiers de la longueur du levier, à partir de ce bout gauche.

Le chapiteau inférieur de b^{12} est attaché à un pivot au bout droit de b^{13} (c'est-à-dire à la distance de deux tiers de la longueur du levier, à partir du point d'appui).

Le chapiteau supérieur de b^{12} est attaché par un pivot à

b^{14}, qui est une pièce capable d'être glissée à volonté dans une mortaise, par l'action d'une vis à tête moletée dans le bout droit de b^{15}, qui est un levier dont le point d'appui est situé à environ un tiers de la distance comprise entre ledit pivot et le bout gauche de ce levier. Le bout gauche porte une pièce courbée dont le rayon de courbure est égal à la distance comprise entre le point d'appui et ce bout (c'est-à-dire égal à environ deux tiers de la distance comprise entre le pivot dans la pièce glissante b^{14} et ce bout). Cette pièce courbée reçoit l'écheveau de soie qui soutient le baromètre. Le point d'appui de b^{15} est un tranchant de couteau bien dur, posé sur l'intérieur de deux anneaux d'acier dur.

b^{16} est une aiguille attachée à b^{15}, sa pointe indique les dilatations et contractions de b^{11} et b^{12}, en raison multipliée, sur une échelle gravée sur b^{9}.

b^{17} b^{17} sont des vis qui fonctionnent dans des pièces attachées à b^{7} b^{7} et pressent sur des plaques à cavités ajustables sur P, P. Elles sont employées pour les petites corrections à faire à la hauteur, à la perpendicularité, etc., de tout le châssis (composé de b^{7}, b^{8}, etc.).

b^{18} (*voir* fig. 2) une pièce de bois, faisant saillie sur les pieds de la table pour empêcher les oscillations dudit châssis, mais qui n'est pas attachée au châssis.

b^{19} un contrepoids.

Il est évident que, par cet arrangement, le baromètre descendrait d'un espace égal à environ six fois la dilatation de b^{11} ou de b^{12} occasionné par un accroissement donnée de température *, et par conséquent doit être compensé (parce que cette quantité 6, est égale à la différence de dilatation entre les métaux zinc et mercure), pourvu qu'aucune dilatation n'advienne dans b^{7} b^{7}; mais on a fait b^{14} ajustable à une distance plus grande ou plus petite du point d'appui de b^{15}, dans le but, non-seulement de compenser les dilatations de b^{7} b^{7}, mais aussi dans celui de tâcher de corriger des petites erreurs inévitables de mécanisme, etc.

L'erreur moyenne d'une observation, résultant d'une longue série de comparaisons, faites en octobre et novembre 1850, avec notre baromètre à étalon, ne s'élevait qu'à 0.0028 de pouce ou 0,071 millimètre. Une partie de cette erreur moyenne était sans doute due au baromètre à étalon, et il faut remarquer que l'appareil destiné spécialement à corriger des erreurs mécaniques, etc.,

* Car, en supposant que b^{11} et b^{12} s'allongent d'une quantité = 1 pour chacun, alors 1 (dilatation de b^{11}) × 2 (l'effet multipliant de b^{13}) + 1 (dilatation de b^{12}) = 3, et 3 × 2 (l'effet multipliant de b^{15}) = 6.

inévitables, n'était pas mis en œuvre pendant lesdites comparaisons (c'est-à-dire la vis et la pièce glissante b^{14}).

Une autre source d'erreurs pourrait exister, s'il y avait quelques petites variations hygrométriques dans les planchers ou les lambourdes sur lesquelles l'instrument était placé, comme aussi dans les pièces P, Q, etc.

Voici quelques améliorations que j'ai fait exécuter à un barographe qui existe dans l'Observatoire Radcliffe, à l'Université d'Oxford.

P P^1 Q (pl. XI et XII) les planches qui constituent la table (en forme de T) sont placés sur une maçonnerie solidement bâtie dans la terre, et possèdent le moyen d'ajustement pour l'horizontalité.

p^1 q^1 est un châssis d'une seule pièce, en fer fondu, fixé sur P et Q, et sa surface supérieure a été très soigneusement rabotée. La partie p^1 porte un niveau.

g^1 (fig. 1 et 2, pl. XII), la plaque glissante, etc., est mue par un écrou micrométrique pour faciliter la précision de l'ajustement de la distance focale des lentilles (contenues en G).

h^2 h^2 (les roulettes, fig. 3) marchent sur la surface (bien plate) de q^1, au lieu du fond de la boîte à châssis F (ce fond étant supprimé).

b^7 b^7 (pl. XI, fig. 3) les deux pièces de sapin ont été remplacées par deux tubes de verre très-forts et très-droits, liés l'un à l'autre par le moyen de plaques comme b^9 b^9 et b^{10}, avec colliers, écrous, etc.

b^{11} b^{12} (les verges compensatrices en zinc) sont plus larges dans cette nouvelle disposition qu'elles ne le sont dans l'autre.

THERMOGRAPHE.

Cet appareil est une amélioration que j'ai faite à un petit mécanisme expérimental construit et employé à Kew, en 1845, et décrit en 1847, avec le premier Barographe (voir p. 1).

Il se compose de deux parties dont l'une enregistre les variations du thermomètre sec, l'autre ceux du thermomètre humide (ou l'Hygromètre Mason).

La disposition de toutes les parties de cet instrument (excepté les thermomètres eux-mêmes) ressemble beaucoup à celle qui a été adoptée pour le barographe ; mais la boîte à châssis F (figs 1 et 3, pl. XII) et la planche Q ont à peu près deux fois la longueur de celles du Barographe, afin que deux châssis, comme H, puissent marcher dans F, et que deux simples planches, comme P, fig. 1 et 2, puissent supporter deux chambres obscures, etc.

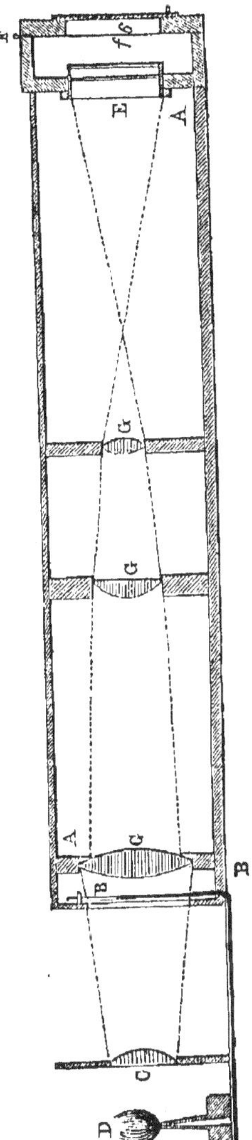

AA est une des chambres obscures.

B B B son thermomètre courbé à angle droit, sa partie inférieure passant par un trou pratiqué dans une planchette fixée dans la fenêtre de la salle où se trouve la machine, afin que sa boule soit exposée à l'air extérieur.

C, sa lentille collective.

D, sa flamme de gaz (ou sa lampe à huile).

E, sa bouche avec ses lèvres, etc.

F, sa boîte à châssis.

G G G, trois lentilles supportées dans A A par des planchettes, et faisant le même office que font les deux paires de lentilles contenues dans le tube G (fig. 1, pl. XII). Le choix des figures et des positions de ces lentilles est dû à M. le Professeur Crookes, et elles se trouvent très-bonnes.

L'autre chambre obscure et ses appareils sont précisément semblables à ceux-ci; seulement, la boule du thermomètre humide possède sa couverture ordinaire de soie, son syphon, à l'eau, etc.

Les chariots, h^2 (voir fig. 3, pl. XII) des deux châssis, glissants, sont unis par une petite chaine, et une horloge (comme K, fig. 3) les fait marcher tous les deux.

Si on veut employer la lumière du jour, au lieu de celle d'une lampe, etc., on ouvre une petite porte dans la planchette en face de C.

Ce barographe amélioré, ainsi que le thermographe double, ont été en pleine activité (jour et nuit) à l'Observatoire Radcliffe d'Oxford, à partir de l'automne de 1854, c'est-à-dire pendant une année entière. Ils ont été bien approuvés par plusieurs de nos physiciens célèbres, et les ordonnées des courbes de variation peuvent être mesurées avec la même justesse que les indications du baromètre et des thermomètres eux-mêmes. M. Jonhson, M. A., Président de la Société astronomique royale et le Directenr très-éclairé de cet Observatoire, s'occupe de la publication de résumés et de descriptions qui ne manqueront pas d'être bien intéressants *. On va construire un Barographe et un Thermographe de ces espèces pour l'Observatoire impérial de Paris.

* Les lentilles du baromètre amélioré ont été faites par Ross.

Le faisceau du docteur Lloyd se compose de fils simples de soie, tirés du cocon : ils sont choisis et superposés avec le plus grand soin, afin qu'il n'y ait pas, autant que possible, de tendance à la torsion. Si on trouve, par la substitution du barreau de laiton usuel à la place de l'aimant, que quelque torsion du faisceau a pu encore exister, l'on déterminera le coefficient de correction par le moyen de la paire de plaques s^1.

T, pl. VII, fig. 1 et pl. VIII, fig. 1, tube de verre entrant dans
r^1 et posé sur
t^1, filet ou anneau soudé à l'intérieur de
t^2, ajutage ou douille entrant dans V ;

X, dans toutes les figures, table de marbre noir, sur laquelle de petites pièces d'angle sont fixées par des vis qui pénètrent dans des écrous scellés dans le marbre pour fixer la chambre obscure A. De fortes vis, entrant aussi dans des écrous pareillement scellés, servent à maintenir en place le support K^1 de l'horloge, le coude en laiton a^1, fig. 1 et 2, pl. VIII, la paire de plaques glissantes g^1, etc.

Cette lourde table de marbre pose solidement sur deux des piliers P, pl. VII, ce qui n'empêche pas qu'on ne puisse la faire tourner quelque peu autour de l'axe d'oscillation des aimants, s'il devient nécessaire.

La manipulation des appareils servant à procurer les courbes de la déclinaison et de la force horizontale, est à peu près semblable à celle de l'appareil électrographique.

1° La surface d'argent ou de papier qui doit recevoir l'impression est rendue aussi sensible qu'on peut le faire sans qu'elle perde la faculté de garder sa sensibilité pendant un temps suffisant (voir

manipulations dans l'opération si délicate de l'ajustement de tous les aimants, je dois encore renvoyer au bel ouvrage du docteur Lloyd : *Description de l'Observatoire magnétique de Dublin.* (Voir p. 2). Il n'est pas nécessaire de dire que le premier élément de la force de torsion, c'est-à-dire la longueur des portions efficaces de s^5, est modifié un peu par le mouvement de s^1 sur son axe ; que le second élément, c'est-à-dire la distance entre les deux portions du fil revenant sur lui-même, est obtenu en tournant s^2 sur son axe et en employant une poulie semblable à s^6, d'un diamètre déterminé ; qu'enfin, le troisième élément, c'est-à-dire l'angle formé par le plan vertical des extrémités de s^5 avec l'axe horizontal de l'aimant, est déterminé en faisant tourner le vernier de s^4 sur son centre ; les divisions de s^3 et de s^4 servent à mesurer ces derniers éléments avec une grande exactitude.

p. 1, de la ***Description des Appareils accessoires***), de sorte qu'elle puisse représenter d'une manière satisfaisante les perturbations magnétiques même très-vives et très-rapides, qui, comme on le sait, se manifestent si souvent, et d'une manière si inattendue (« orages magnétiques »).

Si l'on emploie du papier, on le placera, après sa préparation, entre les deux plaques de verre, Y, fig. 1 et 4, pl. X. Les plaques seront ensuite introduites dans le châssis glissant H, fig. 3 et 4, et seront recouvertes par la plaque de laiton glissante h^6. Ces opérations se feront à l'abri de la lumière du jour.

Si l'on se sert de la plaque métallique argentée, on la prépare et on la ménage de la manière désignée dans notre description des instruments accessoires, pages 1 et suivantes, où l'on voit qu'elle sera introduite dans H pendant le cours de sa préparation, et qu'elle sera recouverte par h^6 sans être portée dans la chambre d'où l'on a exclu la lumière du jour.

2° L'ouverture percée dans la plaque e^1, fig. 1 et 5, étant fermée par suite de la position donnée au volet e^2, et l'écrou i^6, Pl. V, étant dévissé un peu, le châssis glissant H avec la plaque h^6, fig. 3, Pl. X, est déposé au fond de la boîte à châssis F, et le crochet de h^3 est attaché à l'anneau supérieur.

3° La porte de la boîte F, fig. 1, est fermée ; par conséquent les galets f^5 pressent sur la porte de H et forcent la partie supérieure de h^6 à presser sur la partie de la bouche E située au-dessous de l'ouverture e^1.

4° Il sera bon alors de soulever et d'abaisser, deux ou trois fois, le chassis H, pour s'assurer que les galets et les ressorts exécutent convenablement leur jeu ; il suffit pour cela d'agir avec la main sur le contre-poids de H.

5° On soulève H de deux centimètres et demi (1 pouce anglais) environ au-dessus du fond de la boite F, en faisant tourner la poulie I, Pl. V, autour de son axe, afin que les images lumineuses des fentes percées dans les écrans puissent tomber sur la surface photographique quand la lumière sera admise; on fixe alors la poulie I sur son arbre au moyen de l'écrou de pression i^6 ; et, à un instant donné, l'on tourne le bouton moleté k^2 de manière à amener la pointe de l'index à marquer la lettre G gravée sur le cadran. Cette dernière opération fait entrer la lumière dans la chambre A, fig. 1, pl. X, et met au même instant l'horloge en mouvement, comme nous avons vu. Le châssis glissant H monte alors avec la vitesse de 2,54 centimètres à peu près (1 pouce anglais), par heure, entraînant avec lui la plaque argentée ou la feuille de papier, tout en laissant reposer la plaque de laiton h^6 sur le fond de la boîte.

6º Après douze heures, ou une autre période quelconque, on arrête l'horloge, et on ferme, en même temps, l'ouverture en c^1, en faisant tourner k^2, pl. V, en sens contraire; on desserre l'écrou de pression i^6; on fait descendre le châssis H, en soulevant le contrepoids, et on le retire de la boîte, avec la plaque de laiton h^6, fig. 1, Pl. X.

Si l'on est bien sûr que la surface photographique est encore dans de bonnes conditions pour recevoir une seconde image, on renversera le châssis H, on arrêtera le crochet de h^3 à l'anneau inferieur, et l'on pourra répéter les opérations mentionnées dans les paragraphes 3, 4, 5 et 6.

7º L'impression développée, à la manière ordinaire, présente les apparences dessinées fig. 2 et 4, pl. VII, dans lesquelles y^1 représente l'espèce de courbe produite par la projection lumineuse de la fente percée dans l'écran mobile b^1, fig. 1 et 3, pl. VIII, et y^2 une abscisse, ou ligne de foi, tracée par la projection lumineuse de la fente percée dans l'écran fixe o^1.

Après l'opération de la fixation de l'impression, on peut mesurer les ordonnées de la courbe au moyen de l'appareil décrit à la page 10 de la description des instrumens auxiliaires, sans qu'i soit nécessaire d'aucune observation faite à l'œil pour déterminer la ligne des abscisses.

L'ancien *magnétographe des déclinaisons* auquel j'ai fait allusion, p. 1, a un aimant de deux pieds anglais ou 60,959 centimètres de long, suspendu, à peu près de la manière employée par Gauss et Weber *; au moyen d'un faisceau de fils de soie d'environ 9 pieds ou 274,32 centimètres de long. Son appareil de *détorsion* est porté par un cadre en bois de sapin fixé sur les deux piliers en pierre, qui portaient la lunette des passages de sa majesté Georges III, et sa chambre obscure, sa boîte de l'aimant, etc., sont soutenus par des supports en bois. Dans la construction de ce magnétographe, tout était arrangé de manière à placer l'aimant dans des circonstances aussi identiques que possible à celles dans lesquelles est placée l'aiguille de déclinaison ordinaire de Greenwich.

Le bras horizontal de b^3, fig. 1, pl. VIII, portait originairement un index vertical ou style, en place de l'écran mobile b^1;

* Gauss und Weber, *Resultate aus den Beobachtungen des magnetischen Vereins*, Stück 1, 1837, in-8º, Göttingen.

cet index était situé à peu près dans le plan vertical de l'aimant. En juillet 1846, sur l'échelle de déclinaison, chaque division de 20 secondes d'arc, occupait un peu plus d'un soixantième de pouce, ou 0,423 centimètre. Une lentille collective et un miroir sont fixés à l'extrémité objective de la chambre obscure.

Je ne pouvais pas toujours réussir à rendre l'aimant aussi stable que celui de Greenwich, surtout durant les forts vents ouest et nord-ouest. Cependant, dans le courant du mois d'août, plusieurs des courbes photographiques produites furent soumises à une comparaison rigoureuse avec les indications lues sur l'instrument de Greenwich et corrigées. Les résultats de cette comparaison furent officiellement déclarés « hautement satisfaisans.» Une série de bonnes courbes obtenues avec cet appareil fut présentée à la Société royale, en novembre 1846 *.

Entre cette époque et avril 1851, je lui apportai divers perfectionnemens. Les principaux consistèrent à substituer à l'index, dont il a été question, l'écran mobile b^1, fig. 1 et 3, pl. VIII; à ajouter l'écran fixe o^1; à pourvoir le châssis glissant d'une échelle h^7 divisée en cinquantièmes de pouce ou 0,0508 centimètre, etc.

En 1851, la Société royale mit à ma disposition une somme de 50 livres, 1,250 francs, pour couvrir les dépenses de l'essai de tous mes magnétographes; ces essais eurent lieu du 1er avril au 30 juin.

Au commencement, la distance de l'axe de mouvement de cet *ancien magnétographe de la déclinaison* à l'écran mobile b^1 était de 18 pouces ou 45,72 centimètres environ; le pouvoir amplifiant des lentilles était de 6,706 fois; la valeur angulaire d'un pouce ou 2,54 centimètres de l'échelle des ordonnées, corrigée au moyen du coefficient de torsion, était de 28° 71'. Le temps du passage d'un point donné de la surface photographique en travers de l'ouverture c^1 de la bouche E, fig. 2, était de 5 1/2 minutes environ.

Pendant le cours des essais on s'aperçut qu'il se produisait quelques déplacements anormaux, provenant de l'emploi du bois dans la construction des supports et quelques pièces d'ajustement; et que l'aimant était rendu instable surtout par le passage inévitable de diverses personnes à travers la salle dans laquelle il est installé, et qui est celle de l'ancienne lunette méridienne. Il donna cependant, à quelques exceptions près, des

* *Transactions philosophiques* pour 1847, partie 1re, p. 113.

courbes dont les ordonnées purent être mesurées à un deux centième de pouce, ou 0,013 centimètre, par les moyens indiqués, p. 10, de la description des instruments auxiliaires ; les exceptions ne se présentèrent que dans un petit nombre de cas où il se manifesta des perturbations considérables du magnétisme terrestre.

L'appareil perfectionné pour *la déclinaison et la force horizontale*, décrit ci-dessus, fut employé dans les essais à enregistrer les intensités de la force horizontale ; et il ne se montra nullement sujet à ces déplacements anormaux ou à cette instabilité. On a pu voir, en effet, que les influences hygrométriques ne peuvent changer la position d'aucun des organes dont dépend l'exactitude des indications, parce que ces organes sont complétement détachés des pièces d'ajustement, etc., en bois. La table de marbre X, fig. 1, pl. VIII, était supportée par des tasseaux en pierre solidement scellés dans le mur du grand quart de cercle mural, situé dans une salle où l'on n'entrait que pour faire les manipulations rigoureusement nécessaires.

Avant le commencement des essais le pouvoir amplifiant des lentilles de G, fut de 3,46 fois ; la distance de l'axe du mouvement de l'aimant à l'écran mobile b^1 était de 9,08 pouces ou 23,063 cent[s] ; en conséquence, la valeur angulaire d'un pouce de l'échelle des ordonnées était de 109',4 ; le diamètre de la poulie s^6 était 0,464 pouce ou 1,18 cent[s] ; la distance des deux branches du fil de suspension, retenues dans les pas de vis du petit cylindre s^2, pl. V, était 0,413 pouce ou 1,049 cent[s] ; l'angle de torsion de 64°,45' ; le temps du passage d'un point donné de la surface photographique en travers de l'ouverture c^1 de la bouche E, fig. 2, pl. VIII, de 1 1/4 minute environ ; les corrections de température (14 décembre) pour 55°,3 Farenheit 0,000312, pour 76°,2 0,000344.

Pendant le cours des essais, les courbes daguerriennes obtenues exactement chaque jour, à l'exception de deux jours consacrés à des améliorations de détail, permirent généralement de mesurer les ordonnées à un cinq centièmes de pouce ou 0,005 cent[s] ; on put même presque toujours en obtenir des décalques très-nets sur gélatine transparente, de la manière indiquée, p. 5, de la description des instruments auxiliaires *.

La série complète des décalques sur gélatine, obtenus pendant

* Voyez *Report of the Bristish Association* for 1851, p. 360.

les essais des courbes produites par tous les magnétographes, est conservée dans l'observatoire de Kew *.

MAGNÉTOGRAPHE DE LA FORCE VERTICALE.

Mon premier instrument de ce genre fut construit en 1848 pour l'observatoire magnétique de Toronto, dont M. le capitaine Lefroy était le directeur très-éclairé.

La description suivante se rapporte à l'appareil tel qu'il existait dans l'observatoire de Kew à la fin de 1851 ; et comprend tous les perfectionnemens que j'y ai apportés depuis 1848.

Dans les figures, les mêmes lettres désignent ordinairement les mêmes genres d'organes ou des organes semblables à ceux du magnétographe de la déclinaison et de la force horizontale, décrit p. 2 et suivantes.

Les fig. 1 et 2, pl. IX, sont dessinées au 8me de la grandeur naturelle ; toutes les figures de la planche X sont au quart des dimensions réelles.

V, fig. I et 2, pl. IX, et fig 1 et 2, pl X, est la boite ou cage de l'aimant.

T, tube rectangulaire en laiton fondu, partant de V en montant, et fixé dans

A, la chambre obscure ordinaire.

a^1 fig. 2, pl. IX et fig. 1 et 3, pl. X, pièce d'angle ou coude fondu d'un seul morceau (décrit p. 2).

B, fig 1 et 2, pl. X, aimant long de 38,1 centimètres (15 pouces anglais) semblable à celui du docteur Lloyd pour son magnétomètre de la force verticale, parfaitement décrit dans son ouvrage déjà cité. (Voir page 2.)

b^2, pièce vissée sur le bord supérieur de l'aimant

b^3, couple de tubes glissant l'un dans l'autre, très-légers, attachés à b^2 **.

b^5 (fig. 1 seulement) cylindre pouvant s'ajuster sur une vis fixée au bord inférieur de B pour faire un contre-poids convenable à b^3, etc.

* Plusieurs des organes de précision de ce magnétographe et de celui que je vais décrire ont été faits par M. Ross, de Londres.

** L'idée de dresser au-dessus du centre de l'aimant un bras vertical pour porter l'écran mobile, m'a été suggérée par le colonel Sabine.

b^6, fig. 1 et 2, le prisme triangulaire ordinaire en acier dur, à bord inférieur taillé en lame de couteau, et passant à travers un cylindre en laiton fixé à l'aimant

b^1 *écran mobile* formé d'une feuille de laiton très-unie et très-mince attachée à b^3, avec son bord supérieur courbé suivant une circonférence de 1 pied anglais ou 30,48 centimètres de rayon ; au milieu de ce bord on a ménagé la fente ordinaire très-étroite.

O plaque à diaphragme avec ouverture curviligne de 1 pouce anglais ou 2,54 centimètres de longueur, et de 1/4 de pouce ou 0,62 centimètre de largeur; l'ouverture est située en face du bord supérieur de b^1 ; cette plaque est supportée par

o^3 o^3 fig. 2, pl. IX, et fig. 1 pl. X, qui sont deux pièces d'angle en feuille de laiton attachées à la plaque inférieure de g^1 (Voir p. 5) de manière qu'on puisse augmenter ou diminuer à volonté la distance de la plaque à diaphragme O et de ses accessoires à l'écran mobile b^1.

o^1 fig. 1 et 2 pl. X, *écran fixe*, plat, et semblable à l'écran mobile b^1, portant à son bord inférieur, et à 3/4 de pouce anglais ou 2 centimètres à peu près du centre, la fente ordinaire. Cet écran est placé dans le sens horizontal à 1/20 de pouce anglais ou 0,13 cent. de l'écran mobile b^1 , et son bord inférieur est de 1/40 de pouce anglais ou 0,063 cent. plus bas que le bord supérieur de b^1 .

o^2 support ajustable de o^1 semblable à celui décrit page 1.

C, fig. 1, et tous les autres organes de ce magnétographe de la force verticale, à l'exception de ceux que nous allons énumérer, ne diffèrent pas matériellement des organes correspondans du magnétographe déjà décrit. (Voir p. 3 à 7.)

PP fig. 1 et 2, pl. IX, piliers courts en pierre, dont les axes sont situés dans un plan à peu près à angle droit avec le plan du méridien magnétique.

QQ fig. 1, pl. IX, et fig. 1 et 2, pl, X, deux des quatre colonnes tubulaires très-fortes en laiton.

q^1 q^2 etc., quatre des huit boulons taraudés qui pénètrent dans les bases et les chapiteaux de QQ pour les fixer solidement sur R et X.

R et X, sont des tables en marbre noir, reposant sur PP ; X ne diffère que par sa longueur de la table X de l'autre magnétographe ; elle est munie des mêmes vis, écrous et socles pour bien fixer en place les pièces analogues aux pièces a^1 g^1 etc. décrites pages 1, 3, etc. La boîte V est assujettie sur R au moyen de petites pièces d'angle ordinaires.

r^2 r^2 fig. 1 et 2, pl, X, deux vis à tête de cabestan avec rebords et rondelles larges au-dessous des têtes ; elles vissent dans deux écrous scellés dans la paroi inférieure de R et passent à travers des trous plus larges qu'elles, percés dans la base de S.

S appareil du docteur Lloyd (sans les fils en croix) pour supporter, élever, et abaisser l'aimant : il peut être arrêté solidement par r^2 r^2 dans toutes les positions voulues sur R.

s^1 base du support,

s^2 s^2 deux des quatre vis callantes.

s^5 pièces portant les deux petites tables d'agate.

s^6 châssis, mobile verticalement au moyen d'un cylindre excentrique (qui n'est pas vu dans la figure).

s^7 s^7 deux pièces à angle (ou en Y) qui portent l'aimant lorsqu'il a été soulevé au-dessus des deux tables d'agate, au moyen de s^6.

s^8 clef pour faire tourner le cylindre excentrique *.

Ce magnétographe exige absolument les mêmes manipulations que le magnétographe de la déclinaison et de la force horizontale.

On voit que, comme celui-ci, il a été construit de manière à exclure toutes les influences hygrométriques, etc.

A l'occasion des essais auxquels il a été fait allusion page 12 ; la table X, fig. 1, pl. IX, reposait sur deux consoles en pierre solidement scellées dans le mur du grand quart de cercle ; mais l'aimant était dans un plan à peu près perpendiculaire au plan du méridien astronomique ; l'état des lieux ne permettant pas la disposition beaucoup plus favorable décrite à la page 15, dans laquelle l'aimant est placé sensiblement dans le plan du méridien magnétique.

Dès le commencement des essais, le pouvoir amplifiant des lentilles en G, fig. 1, pl. X, fut de 3,78 fois ; la distance du bord tranchant du prisme d'acier b^6 à la portion de la fente de l'écran mobile o^1, qui correspond à l'image lumineuse en mouvement au foyer conjugué dans le plan de l'ouverture c^1, était de 11,93 pouces anglais ou 30,3 centimètres ; la valeur en arc d'un pouce

* Je n'ai pas essayé, dans ces dessins (sur trop petite échelle) et dans ce petit sommaire, de donner une explication suffisante de l'appareil S, si excellent et si beau du docteur Lloyd.

ou 50 divisions de l'échelle des ordonnées était par conséquent de 76',23 ; le temps du passage d'un point donné de la surface photographique en travers de l'ouverture e^1 était de 1 1/2 minute ; le temps d'une oscillation, dans le sens horizontal de l'aimant, avec son bras écran et ses autres appendices, à la température de 52 degrés Farenheit (31 mars), était de 17, 9 secondes ; dans le sens vertical, à la température de 53 degrés, ce temps était de 20 secondes. Les corrections de température, le 14 décembre 1850, étaient pour 50,4 degrés 0,000283, pour 71,5 degrés, 0,000319 *. Pendant le cours des essais, et avant, l'aimant a subi quelques variations relativement au temps de son oscillation dans le sens vertical.

Les diverses courbes produites se montrèrent à peu près égales en netteté et en précision à celles de la force horizontale ; on remarquait cependant dans ces courbes quelques dislocations habituelles et dues aux imperfections inhérentes au mode de suspension des aimants sur des couteaux, et aussi quelques petites indications de mouvements anormaux dus sans doute à l'orientation défavorable. L'appareil entier fut examiné avec soin en mars 1851 par M. Barrow, qui avait construit l'aimant et ses supports ; il ne put rien trouver dans les autres organes qui fût de nature à empêcher l'action propre ou le mouvement normal de l'aimant.

Ces circonstances m'amènent à accueillir avec bonheur la proposition qui me fut faite, en 1851, par l'Astronome royal, de suspendre l'aimant sur deux ressorts courts et très-délicats, fixés solidement aux extrémités d'une petite barre, qui remplaceraient la pièce à bord tranchant b^6, fig. 1. Si d'ailleurs le centre de gravité de l'aimant est amené à la position convenable à l'aide du contrepoids b^5 (comme à l'ordinaire), on peut espérer que certaines erreurs provenant des irrégularités inévitables du bord tranchant pourront être ainsi conjurées, d'autant mieux que l'angle d'inclinaison de l'aimant est toujours très-petit.

Nous avons appris depuis que M. Wartmann, de Genève, avait en 1841 suspendu le fléau d'une de ses balances à réflexion sur deux fils fins disposés comme les ressorts qui devaient porter notre aimant **.

* Voyez le rapport de 1851.

** Mémoire sur deux balances à réflexion, lu à la Société de Genève. — 15 avril 1841.

DESCRIPTION

D'UN

MAGNÉTOGRAPHE DE LA DÉCLINAISON

ET DE LA FORCE HORIZONTALE

ET D'UN

MAGNÉTOGRAPHE DE LA FORCE VERTICALE.

MAGNÉTOGRAPHE DE LA DÉCLINAISON ET DE LA FORCE HORIZONTALE.

La construction de mon premier magnétographe, enregistreur des variations de l'aiguille de déclinaison, commencée à Kew en décembre 1845, fut achevée sous le bienveillant patronage de la Société royale et de l'Association britannique pour l'avancement des sciences, au commencement d'avril 1846. Elle fut entreprise en conformité avec le plan ou système général d'enregistration directe des indications des instruments météorologiques et magnétiques que j'avais proposé longtemps auparavant.

L'appareil ci-dessous décrit renferme plusieurs perfectionnements que j'ai apportés à ce genre d'instrument depuis 1846 jusqu'à la fin de 1851, y compris son application à l'enregistrement de la composante horizontale de la force magnétique. Après 1851, il n'a reçu aucune amélioration importante. Il a beaucoup de rapports et plusieurs organes communs avec l'électrographe, dont j'ai donné ailleurs une description très-détaillée ; j'aurais donc pu me dispenser cette fois d'une description minutieuse, si je n'avais pas pensé que des répétitions fatigueraient moins le lecteur que l'énumération d'exceptions ou de différences trop nombreuses *.

* J'espère que les fabricants d'instruments de physique ne trouveront pas trop minutieux. les détails dans lesquels j'ai cru devoir entrer.

Les figures des planches IV, V, VI sont dessinées au huitième de la grandeur naturelle ; celles de la planche VIII sont au quatrième des dimensions réelles.

V, dans toutes les figures, est la cage ou boîte de l'aimant, en acajou, bien fermée au moyen de vis et de charnières en laiton, sans axes de fer.

v^1, figs 1 et 3, pl. VIII, est un tube descendant de V et pénétrant dans

A, qui dans toutes les figures, excepté dans celle de la planche V, représente la chambre obscure ; sa paroi, au bout de droite, est percée d'une ouverture étroite horizontale de 2,5 centimètres (ou 1 pouce anglais) de longueur, recouverte par une lame de verre.

a^1 a^1 a^1, fig. 1 et 2, pl. VIII, pièce ou coude en laiton solide, d'une seule fonte, pliée à angle droit, formant en partie l'extrémité gauche de A (voir aussi fig. 2, pl. IX) ; elle est percée d'une fente horizontale étroite de 9 centimètres (ou 3 1/2 pouces anglais) de longueur, située à 9 centimètres environ au-dessus du coude ou angle droit, et d'une petite fente verticale entée sur la droite de la fente horizontale.

B, barreau aimanté, long de 38,1 centimètres (15 pouces anglais), semblable à celui des magnétomètres de déclinaison et de force horizontale du docteur Lloyd, complétement et très-exactement décrits dans sa *Description de l'Observatoire magnétique de Dublin* *.

b^2, étrier ou châssis supportant B.

b^3 b^3, tubes légers d'assemblage, glissant les uns dans les autres, fixés à b^2 ; le tube vertical peut tourner sur son axe, afin qu'on puisse bien ajuster les tubes horizontaux ; la boule placée à l'extrémité gauche de l'un des tubes horizontaux fait contrepoids à

b^1, fig. 1, 3, 4, qui est l'*écran mobile* formé de laiton bien mince ; il est porté par un petit tube fixé et ajusté au moyen d'une vis avec écrou à l'extrémité droite de b^3 ; une fente très-étroite se trouve au milieu de son bord inférieur ; sa surface est courbée, suivant une circonférence de cercle d'un rayon d'environ 23 centimètres (9 pouces anglais).

b^4, fig 3, *étouffoir* massif en cuivre rouge destiné à ralentir les oscillations de l'aimant ; il n'apparaît pas dans la fig. 1 ; il a 7,62 centimètres (3 pouces anglais) de largeur et

* *Account of the magnetic Observatory of Dublin.* — 1842, in-4°, *Dublin.*

porte des échancrures qui permettent le jeu libre de b^2 et b^3 *.

O, fig. 1, 3 et 4, diaphragme plié en laiton; son ouverture horizontale, d'environ 2.5 centimètres (1 pouce anglais) de longueur, 0,6 centimètre (1/4 de pouce anglais) de largeur, est située en face du bord inférieur de b^1.

o^1, *écran fixe* de forme semblable à celle de b^1; à 1 centimètre (3/8 de pouce anglais environ) du milieu de son bord supérieur se trouve une fente un peu plus large que celle de b^1. La distance des deux écrans, mesurée horizontalement, est d'environ 0,13 centimètre (1/20 de pouce anglais); le bord supérieur de l'écran fixe est plus haut de 0,06 centimètre (1/40 de pouce anglais) que le bord inférieur de l'écran mobile b^1.

o^2, petit boulon taraudé muni à son extrémité gauche d'un écrou avec rondelle; il supporte l'écran o^1, dont la hauteur et l'horizontalité peuvent être réglées avec précision.

C, fig. 1 et 5, pl. VIII, et la figure de pl. IV, portion de l'appareil qui règle l'admission et l'exclusion de la lumière au commencement et à la fin de l'enregistration ou impression des images.

c^1 fig. 1 et 5, pl. VIII, plaque circulaire vissée sur A et percée d'une ouverture correspondante à l'ouverture en A.

c^2 volet mobile pouvant glisser librement entre deux coulisses fixées sur c^1.

c^3 ouverture du volet c^2 amenée en face des ouvertures de A et de c^1 lorsque le volet est suffisamment descendu.

c^4 petite corde attachée à c^2.

c^5 et c^6 fig. 1, petites poulies.

c^7 pl. IV, extrémité d'un levier faisant partie de l'appareil qu'il reste à décrire. La corde c^4 est conduite par lesdites poulies et se trouve liée à ce levier c^7 (voir page 7).

D, Pl. IV et VI, lampe polymèche du comte Rumford. (Voir *Appareils accessoires*, p. 10.)

d^1 sa cheminée.

d^2 cuvette portée par quatre vis qui permettent d'amener la lampe à la hauteur la plus convenable.

E, fig. 1 et 2, pl. VIII, *bouche*, vue plus distinctement dans les fig. 1 et 4, pl. X, formée de deux pièces angulaires; la pièce inferieure est fixée, d'une manière permanente, à une petite dis-

* J'ai substitué cet étouffoir massif à celui employé auparavant et qui était beaucoup moins large, d'après le conseil du docteur Faraday; il ralentit d'une manière bien remarquable les oscillations de l'aimant.

tance au-dessous de l'ouverture horizontale percée dans a^1 ; la pièce supérieure peut glisser de haut en bas et être fixée dans la position voulue au moyen de deux vis passant à travers des trous allongés percés dans a^1.

e^1 ouverture de 0,08 centimètre (0.03 de pouce anglais) de largeur environ, formée de deux petites plaques minces ou lèvres attachées aux deux pièces d'angle de E; la lèvre supérieure porte une petite fente verticale opposée à la fente correspondante ménagée dans a^1.

e^2 patte d'équerre fixée sur a^1.

e^3 e^3 fig. 2, pl. VIII, vis entrant librement dans e^2, et se vissant dans la pièce supérieure de E, destinée à élever cette partie de la bouche.

e^4 vis fonctionnant à travers e^2, pressant sur la pièce supérieure de E, et servant à l'abaisser.

L'ensemble des organes e^2, e^3, e^4 permet d'atteindre une exactitude bien nécessaire dans l'ajustement de l'ouverture e^1.

F, dans toutes les planches, *boîte à châssis*; sa porte est armée d'un rebord qui entre dans une rainure pour fermer tout accès à la lumière ; elle est percée d'une ouverture faisant face à la bouche E.

f^1 f^1 fig. 1, pl. VII, pièces d'angle supportant F.

f^2 fig. 1 et 2, pl. VIII, règle en laiton bien dressée, fixée à a^1 au moyen de

f^7 f^7 f^7 boulons taraudés traversant, 1° la règle f^2 dans le sens de son épaisseur, 2° trois petits piliers, 3° trois fentes horizontales ménagées dans a^1, 4° les trois rondelles et écrous; ces boulons, etc., permettent d'ajuster et d'arrêter f^2 dans une position exactement verticale.

f^3 fig. 2, ressort presseur en laiton écroui, fixé à a^1 au moyen d'une vis passant à travers un petit pilier ; il porte un petit galet.

f^5 fig. 1, couple de galets et ressorts presseurs semblables, fixés sur la porte de F. (Voir aussi fig. 3, pl. X.)

f^6 pl. IV à VII, *microscope*; son grand tube couvre l'ouverture de la porte de F; l'ensemble des deux petits tubes qui portent la lentille est ajusté sur une plaque glissant latéralement le long de celle qui ferme le grand tube.

f^8, f^9, fig. 1, pl. VIII et X, pièces de bois fixées dans F, servant à guider une plaque décrite plus bas.

f^{10} f^{10} fig. 3, crochets, etc., servant à fermer la porte.

G, fig. 1, tubes contenant deux systèmes de *lentilles*, par Ross, d'une construction appropriée au tracé de la courbe de la force horizontale. (Voir p. 13.)

Lorsque l'instrument est employé à tracer les courbes de la déclinaison, on peut se servir de lentilles de moindre grossissement.

g^1 support etc., de G : il comprend : 1° une plaque verticale qui porte G; 2° une patte d'équerre qui porte la plaque et ce qui est nécessaire à son ajustement; 3° une paire de plaques horizontales glissant l'une sur l'autre ; la patte d'équerre est vissée sur la plaque supérieure.

g^2 ensemble d'organes comprenant : 1° un montant fixé sur le coude a^1 ; 2° un pignon supporté par le montant ; 3° une clef avec bouton moleté. (Voir aussi fig. 2, pl. IX.) Cette clef passe au besoin à travers la paroi de la chambre obscure, elle sert à donner le mouvement au pignon, et par suite à

g^3 qui est une tige à crémaillère mue par le pignon, et que l'on fixe à la longueur convenable au moyen d'une cheville entrant dans

g^4 autre montant fixé sur la plaque glissante supérieure de g^1,

Les organes g^2 g^3 g^4 servent à amener les lentilles au foyer.

H, fig. 2, pl. VIII, *châssis glissant* sans sa porte et sans le papier ou la plaque photographique : on voit dans fig. 1, pl. X, sa section verticale complète ; dans fig. 4, sa section horizontale ; dans fig. 3, une vue de face avec la porte fermée.

YY, fig. 2, pl. VIII, espace destiné à recevoir, soit la paire de plaques de verre entre lesquelles est placé le papier phothographique, soit la plaque daguerrienne ; on voit ces plaques en coupe, fig. 1 et 4, pl. X.

h^2 etc., quatre galets presseurs ; le contact de deux de ces galets avec la règle f^2 est assuré au moyen du ressort f^3.

h^3 crochet et un des deux anneaux fixés sur H.

h^4 fig. 3, porte de H avec ouverture sur son bord supérieur, et fermé par

h^5 etc., trois taquets pénétrant quelque peu dans la porte pour la fermer.

h^1 etc., trois ressorts en laiton écroui, attachés à la surface intérieure de h^4 et pressant sur Y. (Voyez aussi fig. 4.)

h^6. fig. 1, 3 et 4, plaque de laiton pouvant glisser facilement dans des rainures pratiquées dans H ; pendant l'enregistration cette plaque repose toujours sur le fond de la boîte à châssis F, et son bord supérieur est situé à environ 0,13 centimètre (1/20me pouce anglais) au-dessous de l'ouverture e^1 (fig. 1.) ; il est guidé en position par $f^8 f^9$, etc.

h^7, fig. 2, pl. VIII, lame de verre dépoli à grain très-fin, sur laquelle est gravée une échelle dont les divisions sont de 0,0508 centimètre (1/50me pouce anglais) : la surface qui porte la gravure est exactement dans le plan de la surface photographique, que celle ci soit une feuille de papier ou une plaque d'argent ; ainsi, quand on emploie le papier, la surface gravée est tournée du côté de la porte de H, c'est le contraire si l'on emploie la plaque daguerrienne.

I. pl. IV à VII, poulie en laiton munie de deux gorges d'un peu moins de 10,16 centimètres (4 pouces anglais) de diamètre ; on peut à volonté lui substituer, soit une poulie de 2 pouces anglais, soit une autre poulie quelconque. Elle est divisée, sur la circonférence, en heures et en cinq minutes, marquées par un petit index ou aiguille placée au-dessous : cette poulie peut tourner sur une portion de l'arbre à barillet faisant saillie sur le cadran de l'horloge, et y être arrêtée au moyen de

i^6 écrou ou bouton moleté, vissé sur le bout dudit arbre.

i^1 chaîne d'horloge attachée au châssis glissant, après avoir passé par la boîte à châssis F et traversé une petite calotte posant librement sur F ; la chaîne est en outre liée à la poulie I au moyen de

i^2, pl. V, petite cheville implantée sur I.

i^3, corde attachée à I, après avoir fait le tour de sa gorge en sens contraire de i^1, au moyen de

i^4, autre pointe implantée sur I.

i^5, contre-poids, un peu plus pesant que le châssis glissant avec son contenu.

K, (pl. IV à VII), horloge : les palettes de son échappement sont en agate ; tous ses pignons et ses arbres sont en laiton écroui non magnétique. Une portion d'une plaque divisée et ajustée sur l'arbre des minutes, est visible au travers d'une fente pratiquée dans le cadran.

K^1, support de l'horloge, etc. ; il est formé de deux morceaux de bois d'acajou verticaux unis en haut par une plate-forme, et de deux autres pièces vissées sur les premières ; les dernières pièces servent à supporter la boîte à châssis F ; la plate-forme est percée de quelques ouvertures pour le jeu du pendule, etc.

k^2 pl. V, bouton moleté et index fixés sur une des extrémités d'un arbre qui traverse les plaques de l'horloge ; ils forment une portion de l'appareil qui est destiné à l'arrêter ou à la faire marcher; l'autre portion de cet appareil est indiquée dans fig. 7, pl IX, où on voit que l'extrémité postérieure dudit arbre porte un levier courbé. L'extrémité inférieure de ce levier courbé porte une fourchettte ; son extrémité supérieure communique avec une détente, un ressort, et deux arrêts, tous attachés à la plaque postérieure de l'horloge, pour retenir le levier dans l'une ou l'autre des deux positions qu'il peut prendre. Quand, par le moyen du bouton moleté (k^2 pl. V) de la plaque antérieure on amène ce levier dans la position indiquée par les lignes pointillées, le pendule peut osciller librement ; quand il a été amené dans la position représentée par les lignes pleines, l'horloge est arrêtée.

c^7 est un autre levier qui forme une portion de l'appareil (C), pour admettre et exclure la lumière (Voir page 3.) Il est porté aussi par l'arbre qui traverse les plaques de l'horloge. En un point convenable de c^7 est attachée la corde c^4 comme on l'a dit ci-dessus. Quand il a été amené dans la position des lignes pointillées, la lumière peut entrer dans la chambre obscure, au même instant que l'horloge commence à marcher.

k^3, fig. 1, une des deux jambes de force faites avec des tubes de laiton, pour soutenir K^1.

W (pl. V et VII, et fig. 3, pl. VIII) thermomètre de Cary, porté par un bouchon en bois percé d'un trou pour le recevoir.

P, etc. (pl. IV, V, VI et VII), quatre piliers en pierre calcaire dure, ne contenant pas de fer en quantité sensible et dépourvue entièrement de magnétisme ; les axes des deux piliers hauts sont à peu près dans le plan du méridien magnétique moyen ; les axes des deux autres sont dans un plan à peu près perpendiculaire audit plan.

QQ, pl. V, deux tasseaux engagés dans les hauts piliers pour soutenir la cage V de l'aimant.

R table en pierre, fixée au moyen de goujons scellés dans des entailles.

r^1, petite planche d'acajou semblable à celle employée dans l'appareil du docteur Lloyd, attachée à R par le moyen de

r^2 r^2, boulons taraudés passant par de larges trous pratiqués dans r^1 et portant des rondelles et écrous pour permettre un ajustement exact et pour bien fixer.

S (pl. IV, V et VI), portion de l'appareil du docteur Lloyd destinée à suspendre et à ajuster *l'aimant de la force horizontale.*

s^1 est un petit treuil : ses pivots, engagés dans les trous de son support, doivent y subir un frottement considérable ; il est, en outre, percé de petits trous vers ses deux extrémités.

s^2, petit cylindre dont les portions à droite et à gauche ont des pas de vis tournant en sens contraires (dextrogyre et lévogyre) ; les pivots de ce cylindre fonctionnent aussi à frottement, dans ses supports.

s^3, plaque circulaire avec échelle divisée sur sa tranche et fixée sur s^2 ; un index annexé au support de s^2, pointe sur les divisions de l'échelle.

s^4, paire de *plaques de torsion ;* la plaque inférieure est divisée et fixée sur r^1 ; la plaque supérieure est munie d'un vernier et tourne sur l'autre. Les supports de s^1 et s^2 sont fixés sur la plaque supérieure.

s^5, pl. V, VII et VIII, fil d'argent à deux branches attachées aux deux trous percés dans les extrémités du treuil s^1 ; chaque branche entre dans un des pas de vis du cylindre s^2, et le fil, après avoir passé par des trous pratiqués dans s^4 et r^1, fait le tour de la partie inférieure de

s^6, fig. 1 et 3, pl. VIII, qui est une poulie faisant partie d'une série de poulies de diamètres différents ; les pivots de son arbre entrent dans des trous angulaires pratiqués dans l'étrier b^2 de l'aimant.

Quand l'instrument est employé à donner les courbes de *déclinaison*, les seules modifications essentielles à apporter à l'appareil S sont : 1° d'attacher une des extrémités du faisceau de soie du docteur Lloyd, ou d'un fil d'argent simple, à un trou pratiqué dans le milieu de s^1, 2° de le faire presser contre un des angles d'une ouverture triangulaire pratiquée dans une petite plaque additionnelle (non indiquée) qui le maintient au centre de s^4 ; 3° de supprimer s^2 et de fixer l'autre extrémité du faisceau ou du fil simple au milieu d'une petite barre cylindrique de même forme et de même dimension que l'arbre de la poulie s^6.

* Pour une description beaucoup plus complète, pour des dessins très-exacts et très beaux de chacune de ces dispositions, pour le détail précis des

DESCRIPTION ET EMPLOI

DE QUELQUES

APPAREILS ACCESSOIRES

DES

INSTRUMENTS MÉTÉOROLOGIQUES ET MAGNÉTIQUES.

APPAREILS, ETC., NÉCESSAIRES A LA PRÉPARATION DU PAPIER TALBOTYPE.

Ces appareils, ainsi que la manière de s'en servir, ne diffèrent pas substantiellement de ceux décrits dans un grand nombre de traités et de manuels de photographie ; par exemple dans l'excellent ouvrage que M. Belloc a publié sous le titre : *Les quatre branches de la photographie* *.

Mais l'ouvrage anglais de M. Crookes « *Procédés de photographie sur papier ciré employés aux enregistrations photo météorographiques à l'observatoire Radcliffe* **, » contient des instructions si larges à la fois et si précises, si bien adaptées au but spécial qu'il s'agit d'atteindre, que je me fais un devoir de le recommander de préférence à tout autre.

Je ferai seulement ici deux ou trois remarques. La sensibilité du papier doit varier en général dans son application à chaque instrument. Quand on veut faire connaître des variations très-subites, l'ouverture de la bouche (*e*), doit être nécessairement fort étroite ; en conséquence, la surface photographique n'est exposée à l'action de la lumière que pendant un très-petit intervalle de temps (1 à 2 minutes au plus); et si on veut éviter, autant que possible, les effets de l'aberration chromatique, on ne doit admettre dans la chambre obscure que la lumière indispensable. Pour ces deux raisons, la sensibilité de

* Paris, 1855, in-8° ; chez l'auteur, rue de Lancry, 16, et dans le bureau du Cosmos, 18, rue de l'Ancienne-Comédie.)

** "The wax-paper process, employed for the photo-meteorographic Registrations at the Radcliffe Observatory. By William Crookes, Esq."

la surface doit être proportionnellement grande. Je n'ai pas besoin d'ajouter que, moins le papier est sensible, plus il conserve longtemps son impressionnabilité. Après avoir mesuré le temps du passage d'un point donné du papier en travers de l'ouverture de la bouche, il serait bon de s'assurer, par des expériences préliminaires, que le papier a la sensibilité voulue.

Il faut d'ailleurs apporter d'autant plus de soin à la préparation, qu'une non-réussite est irréparable, puisqu'on ne peut pas répéter les opérations du jour ou de la portion de jour écoulée, et qu'il en résulte une lacune bien regrettable dans l'enregistration des phénomènes. Sous ce rapport, je ne saurais rendre un témoignage trop favorable à la justesse des remarques de M. Crookes, qui insiste fortement sur les soins de propreté scrupuleuse dans le maniement des appareils, sur la pureté du papier et des agens chimiques, comme conditions essentielles de succès. Lorsqu'on applique les solutions au pinceau, il faut s'exercer à acquérir un certain tour de main, une certaine touche artistique et légère qui ne saurait être décrite, mais qui est très-avantageuse dans la pratique *.

Une longue série d'essais faits à l'observatoire de Kew, en 1845 et dans les années suivantes, (essais dont les résultats ont été présentés à la Société royale en 1847), m'ont conduit à la production de courbes bien définies des variations électriques, barométriques, thermométriques et magnétiques sur papier ordinaire. Avec mon barographe et mes thermographes, installés dans l'observatoire de Radcliffe, à Oxford, M. Crookes obtient, sur papier ciré, des courbes qui possèdent une netteté admirable (comme nous avons vu, p. 10 de Description d'un barographe, etc.)

APPAREILS, ETC., NÉCESSAIRES A LA PRÉPARATION DES PLAQUES DAGUERRIENNES.

Les instruments représentés par les fig. 3, 4, 5, 6, pl. IX, sont des modifications des instruments que l'on trouve décrits dans les traités de daguerréotypie

* Mes premières expériences de photographie sur papier ont été faites avec de larges pinceaux en poil de chameau, avec l'assistance de M. H. Collen, en juillet 1845.

Planchette à polir les plaques.—Je l'ai décrite d'abord en 1850. Elle est préférable, peut-être, à la planchette ordinaire.

A, fig. 3, pièce plate d'acajou de 2,5 centimètres (1 pouce anglais) d'épaisseur.

a^1 a^1, vis destinées à fixer A sur une table bien solide ; les têtes des vis pénètrent dans A.

B, barre dont la face supérieure affleure avec le plan supérieur de A.

b^1 b^1 vis à tête de cabestan, glissant dans des trous creusés dans B et vissant dans A.

b^2 b^2 longues chevilles fixées dans B et glissant à frottement dur dans A pour maintenir les surfaces de A et de B dans le même plan.

b^3 châssis d'acier fixé sur A ; son épaisseur est moindre que celle de la plaque daguerrienne ; son bord inférieur est taillé en biseau, pour mieux maintenir la plaque daguerrienne, taillée elle-même en biseau.

b^4 plaque d'acier fixée sur B ; elle a la même épaisseur que b^3, et est taillée aussi en biseau.

De cette manière, une plaque daguerrienne Y, fig. 6, peut, au moyen des vis b^1, être solidement fixée sur A, dans une position telle que sa surface argentée soit libre et accessible sur tous les points à l'action des polissoirs.

Polissoirs. — La fig. 4 représente un de ceux-ci, qui ne diffère peut-être de ceux ordinairement employés que par la forme de la surface inférieure, courbée comme celle d'une grande lime.

Boîtes à ioder et à brômer. — La construction de ces boîtes a subi quelques additions ou modifications de la forme ordinaire.

A, fig. 5, boîte usuelle.

a^1 a^1 ouvertures ménagées dans les parois.

a^2 porte avec miroir fixé à la surface intérieure.

a^3 a^3 pièces d'acajou avec vis qui passent à travers des trous allongés, et servent à fixer ces pièces sur les bords de A, à distance convenable l'une de l'autre ; ces pièces sont en outre percées de cavités ayant la forme des petits rouleaux presseurs du châssis glissant H.

a^4 pièce en saillie destinée à porter, en partie, la plaque de verre mentionnée plus bas.

B, cuvette ordinaire en verre ajustée dans A, et destinée à contenir l'iode ou le brôme.

b^1 plaque épaisse de verre reposant sur les bords supérieurs de B.

On se sert de cette boîte comme à l'ordinaire : 1° Le châssis glissant H avec la plaque polie et la plaque de laiton h^6 est installée sur la boîte à ioder A; 2° On retire la plaque de verre b^1 et on la fait reposer en partie sur a^1, pour laisser agir la vapeur d'iode ; 3° On retire entièrement de A la plaque h^5 en la prenant par la petite poignée qu'elle porte ; 4° Après que la plaque Y a reçu son revêtement d'iode, on remet en place h^6 d'abord, puis b^1 ; 5° on porte ensuite H sur la boîte à brômer, et l'on recommence les mêmes manipulations.

Boîte à mercure. — Elle ne diffère que par ses proportions des boîtes communément employées.

Pied à vis calantes pour passer la plaque au chlorure d'or. — La disposition suivante permet d'obtenir l'horizontalité plus rapidement qu'avec le pied ordinaire à trois vis.

A, fig 6, planche massive en acajou.

a^1, vis traversant A

a^2 a^2, deux petits pieds.

B, autre planche massive.

b^1, autre vis traversant B et posant sur A.

b^2, un pied d'une autre paire, posant aussi sur A, et pénétrant au sein de petites cavités; ces deux nouveaux pieds sont sur une ligne perpendiculaire à celle qui unit les premiers pieds a^2 a^2.

CC, piliers tubulaires fixés sur B, munis de chapiteaux qui peuvent tourner sur leur axe.

c^1 c^1, fils horizontaux en acier attachés aux chapiteaux de CC.

Les remarques déjà faites, p. 1 et suivantes, sur la sensibilité de la surface photographique, la pureté des agents chimiques, et les soins à employer pour assurer le succès dans la préparation de la surface, trouvent ici leur application. La rudesse du travail est un élément important. On a déjà proposé et réalisé l'emploi d'un moteur inanimé pour rendre plus faciles les premières opérations du polissage ; mais ce genre de moteur rendrait de plus grands services encore, s'il pouvait produire ce frottement léger et doux si nécessaire à la perfection dernière d'une plaque destinée à recevoir l'impression de la lumière.

Les plaques obtenues par les procédés de l'électrotypie sont de beaucoup les meilleures.

PLAQUE DAGUERRIENNE GRAVÉE.

K fig. 4, pl. VII, est une empreinte obtenue par le moyen d'une petite plaque daguerrienne, sur laquelle on a produit une gravure en creux, en suivant les contours d'une image de la courbe magnétique horizontale et de la ligne des abscisses ou de foi, qu'elle a reçue dans le magnétographe.

Les impressions daguerriennes ont sur les talbotypes l'avantage d'une plus grande netteté de contour, les silhouettes sont plus fines et plus tranchées. Nous avons dit ailleurs que les ordonnées des courbes daguerriennes peuvent être mesurées à un cinq-centième de pouce près; mais la préparation des plaques exige beaucoup plus de temps, et leur emploi entraîne une plus grande mise de fonds, une dépense plus considérable.

PAPIER GÉLATINE.

Pour me dispenser de conserver les plaques métalliques et éviter la dépense qui en résulte, j'ai été amené, au commencement de 1850, à me servir de feuilles de gélatine française, presque aussi transparente que le verre, et d'une ténacité considérable, pour obtenir des décalques des courbes photographiques. La gélatine était placée sur la plaque d'argent, comme on le fait pour le papier à décalque, et suivant tous les contours du dessin, avec la pointe sèche des graveurs, je le reproduisais en creux. Quelques gelatines ainsi gravées furent confiées à M. Basire, qui parvint à en tirer vingt bonnes épreuves environ, en opérant comme pour une gravure sur cuivre ou sur acier. Des spécimens de ce genre d'impressions furent présentés, en 1850, à l'Association britannique pour l'avancement des sciences. En 1851, une longue série de courbes des variations magnétiques fut gravée par ce procédé à l'Observatoire de Kew.

Mon rapport de 1851 renferme une impression lithographique obtenue de la manière suivante : M. Basire se procurait d'abord, à l'aide de la presse qui sert à tirer les plaques de cuivre gravées, une première reproduction du dessin gravé sur gélatine, puis se servant du papier qui sert aux transports lithographiques; il transportait cette reproduction sur pierre et il tirait à la manière ordinaire *.

* J'avais été conduit à ces opérations à la suite d'une proposition émise, en février 1850, par Sir John Herschell, Bar[t]; l'illustre savant avait fait des expériences très ingénieuses pour obtenir des gravures en relief,

PLANCHE DES ORDONNÉES.

J'ai proposé et fait exécuter cet instrument en 1849 ; il a pour objet de permettre de mesurer rapidement et exactement les ordonnées de tous les courbes données par les instrumens enregistreurs. Les fig. 2 et 3, pl. VII, sont dessinées à l'échelle d'un quart de la grandeur naturelle.

A planche d'acajou séchée naturellement à l'aide du temps.

a^1 quatre vis servant à fixer A sur

B autre planche massive qu'on peut faire poser sur une table inclinée.

C échelle en ivoire divisée en pouces anglais ou en partie égales à 2,54 centimètres, et fixée sur

D règle attachée à B par deux vis passant par deux fentes pratiquées dans ses extrémités, de sorte qu'elle puisse glisser latéralement sur B.

C^1 vis à tête moletée vissant dans B et agissant au besoin par son épaulement sur une pièce qui fait avancer C et D vers le bord gauche de l'appareil.

M *échelle du temps*, en métal blanc ; ses divisions de 1, 1/2, 1/4, 1/12 de pouce anglais, représentent les espaces parcourus par le châssis glissant (H) pendant les heures, demi-heures, quarts d'heures et douzièmes d'heures, ou cinq minutes ; cette échelle est dressée sur une règle fixée invariablement à B.

C^2 C^3, deux vis à tête moletée, fonctionnant dans la règle immobile, et agissant, au besoin, par leurs extrémités, sur deux petits curseurs angulaires pour les faire avancer vers la droite de l'intrument : deux ressorts spiraux renfermés dans B, ramènent les curseurs à leur position primitive quand ils ne sont pas pressés par les vis C^2 C^3.

T, talon d'une équerre en T.

t^1 règle ou lame de l'équerre en métal blanc, portant, gravées

sur la feuille de gélatine préparée chimiquement, et qui avait reçu l'impression photographique. Si ce procédé pouvait être rendu sûr, il serait bien préférable au mien, parce qu'il mettrait à l'abri des erreurs d'un tracé à la main. J'apprends à l'instant qu'un photographe et chimiste français, M. Poitevin, vient d'employer une méthode de ce genre avec succès, en se servant d'une couche de gélatine mêlée à volume égal de bichromate de potasse, et appliquée sur une surface plane, de verre, par exemple. (V. Cosmos, livraison du 4 janvier 1856.)

sur ses bords en biseau, *les échelles des ordonnées*, divisées, l'une en cinquantièmes, l'autre en soixantièmes de pouce anglais, ou en 0,05 et 0,042 centimètre environ. Cette règle peut glisser sur T, et être fixée dans diverses positions au moyen d'une vis à tête moletée, qui passe à travers une des fentes qu'elle porte vers ses deux extrémités ; on peut se servir à volonté de l'une ou l'autre des deux échelles, ou même d'une autre lame à divisions plus petites encore.

Voici comment on fait usage de cet instrument :

1° Une plaque métallique Y, portant l'épreuve daguerrienne, ou une plaque sur laquelle on a fixé momentanément l'épreuve sur papier, est placée sur A, et l'on amène son côté gauche coupé bien d'équerre au contact de C;

2° Le point *zéro* de l'échelle t^1 des ordonnées est amené à coïncider, s'il est nécessaire, avec le point de l'abscisse y^2, qui est le plus éloigné de l'échelle des temps M; en faisant glisser t^1 sur le talon T; et t^1 est alors fixé fortement en place au moyen de la vis à tête moletée;

3° L'échelle des ordonnées est appliquée contre l'autre extrémité droite de y^2, et si le point zéro ne coïncide pas exactement avec cette extrémité, on desserre la vis C^1, et l'on serre lentement l'une ou l'autre des deux vis C^2, C^3, suivant le mouvement qu'on veut produire, jusqu'à ce que son petit curseur angulaire ait déplacé la plaque Y de la quantité nécessaire pour amener une coincidence exacte ;

4° L'extrémité de la courbe (y^1), qui correspond à l'instant où l'horloge a été mise en mouvement, est amenée dans une ligne perpendiculaire à l'échelle M, et passant par celle des divisions du temps sur M, qui correspond avec ledit instant, en faisant glisser Y sur A.

5° On serre la vis C^1, afin que Y soit maintenu ferme en place;

6° Les ordonnées de la courbe y^1 peuvent alors être mesurées avec exactitude pour tous les instants donnés (en se servant d'une loupe, tenue à la main ou fixée sur un support) *.

* Si l'horloge K, comme dans la fig. 3, pl. XII du barographe, est placée du côté droit de l'instrument, le point de départ de la courbe sera à l'extrémité inférieure de la planche des ordonnées, et par conséquent le temps devra être lu en sens inverse, ou de bas en haut.

APPAREIL POUR LA DÉTERMINATION DE L'AMPLITUDE DES ARCS DÉCRITS PAR LES AIMANTS, ETC.

L'appareil le plus simple et le plus exact qui ait été employé à Kew, pour la mesure du pouvoir grossissant des lentilles G des magnétographes, est celui que j'ai adopté en 1846. Il consiste en *une lame mince de laiton* dans le bord supérieur de laquelle on a fait deux entailles à angle très aigu ; je lui ai fait occuper exactement le lieu alors traversé par l'*index* mobile (remplacé aujourd'hui par l'*écran* mobile b^1), et j'ai installé au contact de la bouche E un petit morceau de verre dépoli à grain très-fin. On a mesuré ensuite avec toute l'exactitude possible la distance des deux sommets des images des entailles projetées sur le verre dépoli, à l'aide d'un compas à pointes très-fines, en regardant ces images et ces pointes à travers une lentille de fort grossissement ; et on a comparé cette distance avec la distance des sommets eux-mêmes des deux entailles.

Je me suis aussi servi, en 1849, d'un *écran métallique percé de plusieurs fentes équidistantes*, et remplaçant ladite lame mince, pour comparer les distances, entre elles, des images des fentes reçues sur la partie centrale du verre dépoli (ou sur celle d'une plaque daguerrienne), avec les distances, entre elles, des images reçues sur les parties éloignées du centre. Une plaque daguerrienne, qui porte des images très-nettes et équidistantes des fentes, est conservée dans l'Observatoire.

J'ai installé aussi à la place de l'écran mobile un morceau de verre transparent portant à sa surface une échelle divisée, ou *micromètre en verre* ; mais les images des lignes gravées sur le verre sont beaucoup moins bien définies que celles desdites entailles ou des fentes ; car les lignes gravées sur verre ont un certain degré de transparence, et une rugosité irrégulière, qui est amplifiée par les lentilles en G.

M. Frédéric Ayrton m'avait promis, en 1849, de faire venir de Paris des *échelles très-finement divisées sur corne*, pour remplacer les échelles sur verre dépoli, sur lesquelles on lirait les arcs d'oscillation décrits par les aimants ; elles auraient probablement fait un meilleur service que les micromètres sur verre dépoli, placés au contact de la bouche E.

DESCRIPTION

D'UN

HYGROMÈTRE ET ASPIRATEUR REGNAULT

AMÉLIORÉS.

En examinant et employant, en septembre 1850, un appareil Regnault, composé d'un hygromètre et son aspirateur, présenté à l'Observatoire Royal de Kew par le capitaine Ludlow, on a trouvé que le réservoir de l'hygromètre, composé de verre et de métal cimentés ensemble, avait le défaut de laisser échapper l'éther, à cause de la différence de dilatation des deux substances; une perte assez sensible d'éther était aussi occasionnée en versant ce fluide coûteux de sa bouteille dans le réservoir, à chaque période d'observation; aucune ligne de démarcation n'existait pour faciliter l'observation précise de l'instant de la formation de la rosée, comme elle existe dans l'instrument de Daniel; et enfin l'aspirateur avait souvent besoin d'être rempli de nouveau d'eau, au milieu d'une opération, et avec une perte de temps et de patience regrettables.

Voici la modification du bel appareil de M. Regnault, que j'ai proposée à l'Observatoire de Kew en novembre 1850, et mis en activité en mars 1851. Il a été construit, dans cette forme, pour d'autres localités*.

A (Pl. XIII, Fig. 1) est le petit réservoir, composé d'un tube léger et bien poli d'argent. Un cylindre de verre-plein occupe un espace d'un pouce de hauteur au fond de A, et de l'éther occupe la partie principale de l'espace au-dessus du verre-plein.

* Par M. Cary, et par M. Newman, de Londres.

a^1, un chapiteau, annulaire, soudé sur A.

a^2 a^3 une espèce de robinet, dont la partie a^2 communique avec A par une virole dans laquelle elle peut tourner. La partie a^3 est un tube ayant une petite ouverture se terminant en pointe. Lorsque la pointe de ce robinet se trouve en bas, le fluide peut sortir librement; le contraire arrive quand sa pointe est tournée en haut; le robinet se trouvant, dans ce dernier cas, tout à fait fermé. Par ce moyen, on peut facilement s'assurer de la quantité d'éther qu'il faut verser dans A.

a^4 un robinet en communication avec A.

B est le thermomètre plongé, dont le tube passe par un trou pratiqué dans un disque qui s'appuie sur un rebord dans a^1.

b^1 un anneau, moleté, se vissant dans a^1, et servant, avec une rondelle de cuir, à serrer le disque fortement sur le rebord en a^1.

C est un tube pour admettre l'air, et aussi pour fournir le moyen d'entretenir A d'éther, selon le besoin. Il passe par un trou pratiqué dans le disque, et va à peu près jusqu'au cylindre de verre-plein au fond de A. Son extrémité supérieure est en forme d'entonnoir. Quand l'instrument n'est pas en activité cette extrémité est fermée, par le moyen d'un bouchon à vis et d'une rondelle de cuir, pour prévenir l'évaporation de l'éther.

D est une colonne de laiton percée dans toute sa longueur, excepté à sa surface supérieure. Le robinet a^4 est vissé au cube de D et communique avec l'intérieur de la colonne.

Une cage de verre peut protéger A D, etc. de la pluie, de la poussière, etc., quand ils ne sont pas en activité.

E E (figs 2 et 3) est l'aspirateur, qui est composé de deux vaisseaux, de divers tubes, etc. Les positions de ces vaisseaux et tubes peuvent être alternativement et soudainement changées à volonté. Nous allons les décrire dans une première position (indiquée par ces figures.)

e^1 un tube ajusté dans l'intérieur de D, etc., et entrant en

e^2, qui est une pièce carrée, perforée horizontalement, et fixée solidement sur

e^3, qui est un tube, dont les parties à gauche et centrales sont fermées, par le moyen de tampons (Voir fig. 3). Des perforations pratiquées dans la partie *constamment* supérieure de e^3 et dans e^2 permettent le libre passage de l'air et de la vapeur éthérée de e^1 à e^3.

e^4 une pièce carrée, perforée horizontalement, et bien ajustée sur e^3 ; mais ayant toujours la liberté de tourner sur e^3, selon l'occasion.

e^5 un tube soudé à e^4 : une autre perforation, dans la partie *constamment* supérieure de ce tube e^3, permet le libre passage de l'air allant de e^3 à e^5.

e^6 un des vaisseaux rectangulaires avec lequel e^5 communique, une ouverture de e^5 étant très proche de sa surface supérieure.

e^7 un tube dont une des ouvertures est à une petite distance de la surface inférieure de e^6 et dont l'autre ouverture est à une petite distance de la surface supérieure de

e^8 qui est l'autre vaisseau précisément semblable à e^6.

e^9 un tube dont une ouverture est à la surface supérieure de e^8. Ce tube est soudé à

e^{10}, qui est une pièce carrée, perforée horizontalement, et bien ajustée sur e^3, mais ayant toujours la liberté de tourner sur e^3 selon l'occasion, comme le fait e^4. Une troisième perforation, pratiquée dans la partie *constamment* inférieure de e^3, permet, le passage libre de l'air allant de e^8 à e^3.

e^{11} un tube soudé dans e^4 et entrant dans e^8 (comme e^5 entre dans e^6). Il n'a aucune communication avec e^3 (en ce moment), parce qu'il n'y a aucune ouverture correspondante dans e^3.

e^{12} un tube ayant une ouverture dans e^{10}, et dont l'autre ouverture est à la surface inférieure de e^6. Il n'a (à présent) aucune communication avec le tube e^3, parce qu'il n'y a aucune ouverture correspondante dans e^3.

En considérant cette première disposition de E E, etc., il deviendra évident que si le vaisseau e^6 (dans sa position actuelle) contenait de l'eau, et que si un courant d'air venait à couler par le tube e^1, par la partie creuse de e^3 à gauche, et par e^5, l'eau (de e^6) descendrait, par e^7, dans e^8, et l'air de e^8 s'échapperait par e^9, et par la bouche de e^3 à droite ; ou (*vice versâ*) la descente de l'eau de e^6 à e^8 par e^7, créerait une tendance à un vide dans e^6, laquelle tendance occasionnerait un coulage d'air par e^1, etc., dans e^6, et quand toute l'eau serait descendue dans e^8, l'air cesserait de couler dans e^6.

Supposons maintenant qu'on donne aux parties E E, etc., une seconde position, en les renversant, et cela en tournant l'ensemble, (excepté e^1, e^2 et e^3), sur l'axe du tube e^3 et des pièces carrées e^4 et e^{10}; il deviendra aussi évident que les tubes e^{11} et e^9, qui communiquent avec le vaisseau e^8, prendraient les positions actuellement occupées par e^5 et e^{12}, et, en conséquence, l'air coulerait, pour la seconde fois, par le tube e^1.

Mais e^1 communique avec D, D communique avec A (fig. 1), et A avec C, par conséquent l'air coulerait par C, et traversant l'éther contenu dans A, les bulles d'air emporteraient avec elles une grande quantité de vapeur éthérée, et passerait par a^4, par D, et par e^1, etc. (fig. 3) dans e^6; et ainsi du reste.

F (figs. 2 et 3) est une table forte, dans deux supports opposés de laquelle sont pratiquées des entailles, pour recevoir les bouts de e^3, qui soutiennent E E, etc.

f^1 f^1 deux plaques pour empêcher à e^3 aucune rotation, quand on fait à E E, etc., exécuter les siennes.

Il n'est pas nécessaire d'entrer dans de plus grands détails. La construction de cet aspirateur ne présente aucune difficulté; l'espèce de travail exigé étant principalement celui qui est ordinairement exécuté par les ouvriers qui fabriquent les robinets, les soupapes, etc. Les parties de e^3, sur lesquelles les pièces carrées e^4 et e^{10} tournent, sont légèrement côniques, et des emboîtures à vis sont employées.

L'appareil fonctionne bien et commodément. Avec de l'éther de seconde qualité on a fait descendre le mercure de 63° jusqu'à 13° de Farenheit. Même de l'éther pyroligneux, ou le naphte rectifié, suffisent; mais ils endommagent le métal.

La partie inférieure de A (fig. 1) qui porte le petit cylindre de verre-plein, reste toujours brillante quand l'autre partie commence à se couvrir de rosée, et donne ainsi l'avantage du contraste, pour préciser l'instant de la formation de la rosée; mais la ligne de démarcation n'est pas toujours bien parfaite, au commencement. Je projette d'autres améliorations relatives à cet objet.

J'ai fait les améliorations suivantes, postérieurement, et en conséquence de quelques suggestions que M. Regnault, qui a employé des lunettes pour observer les thermomètres, etc., a eu la bonté de me faire pendant une visite à Kew.

Au lieu du *petit* tube du robinet a^4 (fig. 1), un tube conique fort et long est supporté, vers l'un de ses bouts, au-dessus de la table F (fig. 2) et communique avec l'aspirateur E E, par le moyen d'un robinet et de la colonne D. Ce tube porte

DESCRIPTION

D'UN

BAROGRAPHE ET D'UN THERMOGRAPHE

PHOTOGRAPHIQUES.

BAROGRAPHE.

Cet instrument est le résultat de plusieurs améliorations de mon appareil expérimental qui a fonctionné à Kew en août 1845, et qui a été décrit dans les *Transactions philosophiques*, partie 1re, pour 1847. Il en a été question dans quelques-uns de mes Rapports écrits après cette date : mais je n'ai pas décrit l'instrument *exactement* avant 1851, parce que le temps et les circonstances n'avaient pas permis avant 1850 un examen rigoureux des moyens de se corriger, soi-même, pour la température, ce qui a toujours été un *desideratum* principal. L'expérience acquise en 1850 a prouvé que son efficacité était à très-peu près, sinon tout à fait, complète à cet égard.

Fig. 1, pl. XI, indique l'instrument fermé et fonctionnant sous l'influence de la lumière du jour, et avec toutes ses boîtes ou couvercles, etc. Fig. 2 l'indique avec quelques-unes de ses boîtes enlevées. Figs 3, 4 et 5 sont les projections, dessinées à un quatrième de la grandeur naturelle du baromètre lui-même et de l'appareil compensateur. Toutes les figures de la planche XII sont des sections, etc., dessinées à un huitième de la grandeur naturelle.

A, A^1, A^2, pl. XII, figs 1 et 2 sont des sections des boîtes d'acajou qui composent la chambre obscure. A^1 a des ouvertures d'environ 2 pouces anglais ou 5.08 centimètres de largeur dans les côtés, à droite et à gauche.

a^1, fig. 1, est un châssis ou support fixé solidement dans sa place, par le moyen de boulons longs avec écrous, etc., à l'extrémité de la chambre obscure où se forme l'image.

B, fig. 1, pl. XII, et fig. 3, pl. XI, est le baromètre compensé pour la température, etc. Nous donnerons ses descriptions plus tard.

b^1 la surface du mercure dans son tube.

C, fig. 1, pl. XII, est la première lentille collective, avec son châssis ou support et l'appareil pour exclure la lumière, suivant l'occasion, placés en avant de l'objectif de la chambre obscure.

$c^1 c^1$ pièces cannelées, ou pièces à rainures, entre lesquelles glisse latéralement et facilement

c^2, qui est une plaque ayant une ouverture rectangulaire d'environ 3 pouces ou 7,62 centimètres de hauteur et 2 pouces ou 5.08 centimètres de largeur. On admet, par son moyen, la lumière ou on l'exclut à volonté.

c^3 la seconde lentille collective employée seulement avec la lampe.

O est une plaque à diaphragme; son ouverture a environ un vingtième de pouce ou 0.13 centimètre de largeur et environ 3 pouces de hauteur.

D est une lampe Argand, d'une nouvelle construction, et que nous décrirons plus tard.

E est la *bouche* consistant en deux pièces angulaires fixées sur une plaque circulaire qui est capable d'être tournée autour de son centre.

e^4 l'intervalle entre lesdites pièces, ou lèvres; il a environ 4 pouces ou 10.16 centimètres de hauteur et un dixième de pouce ou 02.55 centimètre de largeur. On peut l'ajuster à une position exactement verticale par le moyen de la plaque circulaire. (Voir *Electrographe, pl. III, fig*s. *1 et* 3.)

F, figs 1 et 3, est la boîte à châssis attachée au châssis ou support a^1. La bouche E est située au milieu de la paroi postérieure de cette boîte.

f^1 la paroi inférieure de F est rendue aussi plate que possible. (Elle doit être en métal ou en marbre).

f^5, fig. 2, pl. XI, est un ressort à roulette (dessiné seulement en cette figure) attaché à la paroi intérieure de la porte de F.

f^6 une ouverture étroite dans la partie centrale de la porte de F. On peut fermer cette ouverture au moyen d'une petite bande en laiton.

G, figs 1 et 2, pl. XII, et fig. 2, pl. XI, est *le tube à lentilles* contenant 2 groupes de lentilles achromatiques. Ils forment à e^1 une image renversée deux fois plus longue environ que l'objet à b^1.

g^1 est un appareil de plaque glissante, fourchettes, etc., pour le support du tube G et l'ajustement à foyer.

H, fig. 3, pl. XII, et fig. 2, pl. XI, est le châssis glissant contenu en F.

h^4 le battant de la porte de H, ayant une ouverture étroite vers son extrémité droite.

h^5 etc. trois petits taquets tournan en h^4.

h^1 etc. trois ressorts attachés à la paroi intérieure de h^4 et pressant sur la partie postérieure d'une plaque daguerrienne contenue en H (ou bien sur une paire de plaques de verres qui tiennent entre elles un morceau de papier talbotype, au lieu de la plaque métallique).

Y, fig. 4, pl. XII, indique la face sensibilisée de la plaque daguerrienne ou du papier talbotype.

h^2 h^2, fig. 3, sont deux petits châssis contenant des roulettes. Ils sont fixés sur une plaque longue et un peu étroite et mince, et composent, avec elle, une espèce de chariot qui marche sur f^1.

h^3 h^3 deux petits écrous pour retenir des cordes.

h^6 est une plaque qui peut glisser bien librement dans des rainures en H, et en face de Y (fig. 4). Son extrémité gauche est taillé de manière à former une espèce de crochet qui peut s'ajuster sur une petite cheville faisant saillie sur la paroi postérieure de F.

h^7 (fig. 4) une petite plaque de verre dépoli, fixée en H, et vis-à-vis de l'ouverture resserrée en h^4 (fig. 3); le côté dépoli étant précisément dans le plan de la surface de Y, et sur cette plaque (h^7) est gravée une échelle divisée en cinquantièmes de pouce ou 0.05 centim.

Quand h^6 et H ensemble sont placés en F avant que H n'ait commencé son mouvement, h^6 couvre Y tout à fait, et la position de h^6 est telle que son bout droit reste à environ un vingtième de pouce ou 0.13 centimètre du côté gauche de l'intervalle e^1 de la bouche E (fig. 1).

L'image de la partie supérieure b^1 (fig. 1) du mercure, projetée par le moyen des lentilles en G sur la petite plaque de verre dépoli en h^7 (fig. 4), est alors visible en la regardant à travers l'ouverture étroite pratiquée dans le battant de la porte h^4, fig. 3.

I est une poulie, à deux rainures, ajustée sur la partie saillante de l'arbre du barillet d'une horloge, et divisée comme le cadran d'une horloge ordinaire. Il a environ 4 pouces ou 10.16 centimètres de diamètre*.

i^1 une petite corde à boyau, passant par un trou pratiqué en F et attachée à I et à une des petites vis h^3.

i^2, une petite corde à boyau, passant par un autre trou en F; elle est attachée à l'autre vis h^3, et soutient un poids (non indiqué).

i^3, une poulie sur laquelle i^2 est soutenu.

* On peut substituer à I une poulie de 2 pouces de diamètre à volonté.

i^4, une corde à boyau attachée à I et suspendant

i^5, qui est un contre-poids un peu plus pesant que le poids suspendu par i^2. Il est destiné à faciliter le jeu du rouage, etc.

i^6 une noix moletée avec écrou à pression, vissée sur le bout de l'arbre du barillet de l'horloge, pour empêcher I ou lui permettre de tourner sur ledit arbre.

K est la boîte de l'horloge ;

k^1 un indicateur fixé sur K (et servant d'aiguille) ;

k^2 une noix moletée, attachée à un arbre passant par les plaques de l'horloge et combinée avec un levier et une fourche derrière l'horloge pour arrêter et faire marcher le pendule à un moment donné (en tournant k^2).

k^3 est le support de K, qui peut être élevé ou abaissé à volonté.

P P, figs 1 et 2, pl. XII, et fig. 2, pl. XI, sont des planches épaisses, formant un châssis qui supporte A, A^1, A^2, G, etc.; il est exactement joint à angles droits à la partie centrale de

Q, fig. 1 et 3, pl. XII et fig. 2, pl. XI, qui est une planche épaisse supportant F, etc.

Toutes ces planches sont en sapin bien vieux et sec, et à veines très-droites.

R est une caisse au-dessus de P P, capable de glisser en avant ou en arrière ; elle protége la partie inférieure de B contre la poussière, les accidents, etc.

Nous allons parler à présent de la manipulation et du jeu des parties de l'instrument dont nous avons donné la description ci-dessus.

Si on veut employer le procédé Daguerre :

1° La plaque argentée Y (fig. 4, pl. XII), ayant été bien polie, est placée en H, ceci est placé successivement dans les boîtes à revêtement, où Y se revêt de ses pellicules d'iode et de brome.

2° On glisse h^6 (fig. 3) au-dessous de Y, toujours dans la dernière boîte à revêtement.

3° La plaque c^2 (fig. 1), étant glissée de manière à empêcher la lumière de tomber accidentellement sur la surface sensibilisée Y, et l'écrou à i^6 (fig. 3) étant relâché, on place H, etc., sur son chariot h^3 h^3 (qui est arrêtée en ce moment au bout gauche de f^1), et au même instant, on ajuste le crochet de h^6 sur la petite cheville en saillie sur la paroi extérieure de F.

4° On ferme la porte de F (fig. 2, pl. XI). En conséquence de

On se sert d'une *simple longue règle* pour mesurer la distance, dans le sens perpendiculaire, de l'axe d'oscillation de l'aimant, de la déclinaison ou de la force horizontale à l'écran mobile.

Le mécanisme que j'ai employé à mesurer la distance du bord tranchant (b^6, fig. 2, pl. X) qui porte le barreau aimanté de la force verticale, à la partie de la fente de l'écran mobile qui projette un point lumineux correspondant sur le verre dépoli, en contact avec E, se compose d'une couple de tubes l'un glissant dans l'autre, etc. Le tube extérieur est fixé à angle droit sur une petite base de cuivre, et l'extrémité supérieure du tube intérieur porte un écran percé d'une fente tout à fait semblable à la fente de l'écran mobile ordinaire (o^1). Pour opérer : 1° l'on fait poser la base de cuivre sur les plans d'agate, s^6, à la place du bord tranchant de l'aimant; 2° on fait monter ou descendre, par glissement, le tube intérieur, jusqu'à ce que la fente du nouvel écran arrive à sa juste hauteur, *à peu près*, dans le plan de la fente de l'écran mobile ordinaire ; 3° on fait une marque sur le bord de la nouvelle fente, à *l'endroit précis* qui projette un point lumineux correspondant sur le verre dépoli, en contact avec E ; 4° on enlève l'instrument de dessus les plans d'agate, et on mesure alors sans peine la distance de la surface inférieure de la base de cuivre au point marqué sur le bord de la fente *.

APPAREIL PRODUCTEUR DE LA LUMIÈRE.

Cet appareil n'est pas très-bien classé parmi les appareils accessoires, car il forme une partie essentielle des instruments enregistreurs, partout où l'on n'emploie pas la lumière du jour ; nous l'avons réservé, néanmoins, pour ne pas interrompre la description de quelques parties du mécanisme plus étroitement liées entre elles.

Lampe d'Argand modifiée.—Sur le tube qui contient la mèche, fig. 1, pl. XII, on fixe un second tube, sur lequel on ajuste, à frottement doux, un troisième ; chacun de ces deux derniers tubes porte une petite plaque saillante ; une vis d'ajustement, qui fonctionne à travers la plaque saillante du troisième et presse sur la plaque saillante du second, sert à élever ou à abaisser le troi-

* On ne pourrait pas sans inconvénient, et probablement sans altération du bord tranchant qui porte l'aimant, essayer de mesurer cette même distance en opérant directement avec le bras b^3 et l'écran mobile b_1 en position.

sième ; sur le bord supérieur du troisième est brasé un anneau ou large rebord dans lequel fonctionnent trois nouvelles vis de rappel; au-dessous des têtes de chacune de ces trois vis se trouvent de petits épaulements, et les intervalles entre les têtes des vis et les épaulements sont ménagés de manière à recevoir le bord inférieur de la cheminée de verre, évasée en forme de pavillon de trompette, de manière qu'on puisse élever ou abaisser la cheminée au moyen des trois vis de rappel. La tête d'une de ces vis est assez évidée pour qu'on puisse mettre la cheminée en place.

Il est évident que par ces dispositions, le courant d'air qui entretient la flamme peut être dirigé sur elle de la manière la plus avantageuse ; et qu'on peut aussi en augmentant ou diminuant la distance entre la plaque circulaire du troisième tube et la base de la cheminée, donner au courant le volume le plus convenable. La flamme haute et très-blanche que peut donner cette lampe alimentée de bonne huile de Lucques, est tout à fait appropriée aux longues ouvertures *verticales* percées dans les diaphragmes des barographes et thermographes.

Lampe polimèche du comte de Rumford. — Cette lampe dessinée pl. IV et VI, est construite sur un principe déjà très-vieux et très-connu ; les trois mèches plates sont mises en rapport avec un engrenage qui permet de les élever ou de les descendre ; elles peuvent etre maintenues très basses ; leur largeur est d'environ 1,90 centimètres (3/4 de pouce anglais) ; les flammes sont alimentées avec de bonne huile de Lucques, contenue dans un appareil à fontaine ordinaire ; la cheminée, rectangulaire et très-haute, est en cuivre ; mais elle porte une petite paroi de verre en face des portions les plus lumineuses des flammes. Les flammes basses et larges, mais très-blanches, de cette lampe, sont mieux appropriées à la position *horizontale* des ouvertures étroites percées dans les diaphragmes de quelques-uns des instruments enregistreurs, les magnétographes et l'électrographe, par exemple, qu'une flamme étroite, élargie au moyen de lentilles collectives.

Gaz.— Si l'on se servait d'un bec de gaz, il conviendra quelquefois de donner plus d'éclat et de blancheur à la flamme en faisant passer le gaz chaud à travers un vase renfermant de l'huile de naphte ou de houille, ou d'un autre hydro-carbure quelconque.

www.ingramcontent.com/pod-product-compliance
Lightning Source LLC
LaVergne TN
LVHW020037170826
845678LV00001B/305

9782329692319